自膨胀高强预压岩土体锚固理论与技术

刘　杰　李建林　王乐华　杨渝南　李洪亚　著

科 学 出 版 社

北　京

内 容 简 介

本书以能源、土木建筑、交通、矿山等领域岩土工程支护技术锚固机理、破坏模式及长期稳定性等方面的理论和技术应用为主题，结合作者多年从事支护技术研究成果，兼顾前沿发展和应用需求，重点阐明自膨胀高强预压岩土体锚固技术力学参数时空演化规律及抗拔力显著提升机理，指出该技术形成的加固体具有良好的长期稳定性，提出成套设计、施工方法，为该技术的推广运用提供理论指导和参考案例。本书部分插图配有彩图二维码。

本书结构相对系统完整，可供水利水电、土木建筑、采矿、交通等行业的研究、设计、施工人员，以及高等院校和科研单位相关专业教师、科研人员及研究生阅读与参考。

图书在版编目（CIP）数据

自膨胀高强预压岩土体锚固理论与技术/刘杰等著.—北京:科学出版社，
2019.9
ISBN 978-7-03-062261-7

Ⅰ.① 自… Ⅱ.① 刘… Ⅲ. ①膨胀水泥-预应力加筋锚固-研究 Ⅳ.① TU757.2

中国版本图书馆 CIP 数据核字（2019）第 193980 号

责任编辑：杨光华 何 念 / 责任校对：高 嵘
责任印制：彭 超 / 封面设计：铭轩堂

科 学 出 版 社 出版
北京东黄城根北街 16 号
邮政编码：100717
http://www.sciencep.com

武汉中科兴业印务有限公司印刷
科学出版社发行 各地新华书店经销
*
开本：787×1092 1/16
2019 年 9 月第 一 版 印张：12 1/4
2019 年 9 月第一次印刷 字数：288 000
定价：**88.00 元**
（如有印装质量问题，我社负责调换）

前　言

　　近二十年来，锚固技术的使用范围和规模不断得到发展，主要应用于边坡、地下洞室及隧洞、深基坑、重力坝、抗震防灾工程中的地层及其他各类构筑物的加固与支护。

　　为满足如此巨大的工程需求，国内外学者在锚杆抗拔力、锚固破坏模式、高地应力、锚杆拉拔过程中荷载传递机理等方面做了大量研究，成果丰硕，同时为锚固技术的改进与应用指明了方向。随着工程规模和环境复杂性的不断增大，越来越多的问题凸显出来。传统锚杆提供的抗拔力有很大的提升潜力，多种扩头锚固技术尽管能显著提高抗拔力，但同时导致了施工成本的大幅增加与施工工期的增长。

　　基于此，通过大量系统的室内、现场试验和理论分析，本书提出自膨胀高强预压岩土体锚固这一全新支护技术。针对添加大掺量膨胀剂后的水泥浆流动性、初终凝时间、密度、密实度等工程性质进行试验研究，在阐明并分析各参数的变化规律基础上，指出其流动性较水泥净浆有一定程度的提高，有利于工程施工；初终凝时间及其差值的改变，有利于工程应用；CT 显示，周围强约束条件下，锚固体密实度提高显著，表征其强度、抗渗能力提升幅度较大。

　　作者分别以混凝土和工程边坡岩体为锚固段载体，通过锚杆轴力、剪应力分布规律研究，掌握大膨胀率水泥浆对锚杆抗拔性能的影响规律，指出合理的膨胀剂掺量可显著提升抗拔力。同时给出膨胀水泥浆应用于岩体锚固段的两个必要条件：围岩封闭和围岩处于弹性变形阶段。研发地应力模拟装置，得到不同等级地应力对拉拔力的影响规律。指出地应力的存在能大幅度提高锚杆极限抗拔力，且抗拔力随着地应力增大线性增大。

　　作者进行不同围岩刚度和干燥、饱水条件下大掺量膨胀剂锚固体长期稳定性试验研究，指出：锚固体侧向膨胀压应力值随着围岩体刚度的增加线性递增，锚固段围岩刚度的提升可导致锚杆抗拔力提升；水对膨胀水泥浆锚固体体积长期稳定性影响并不大；大掺量膨胀水泥锚固体在干燥与浸水条件下的中长期体积稳定性有保证；膨胀剂掺量较高的锚固体，侧向膨胀压应力更加容易保持稳定，即体积更加稳定。研发在不卸压条件下消除金属伪影的锚固体 CT 技术，得到了不同膨胀剂掺量下的锚固体密实度变化规律，并详细阐明其受力机理。

　　通过现场试验，验证并改进膨胀水泥浆岩体锚固技术在库岸岩质边坡中的理论及应用技术。现场获取不同膨胀剂掺量、不同锚固长度、不同岩体深度对抗拔力的影响规律。同时提出现场快速确定最适膨胀剂掺量的方法，以及通过现场拉拔试验确定最小锚固长度的方法，并针对膨胀水泥浆锚固技术的应用，提出针对大掺量膨胀剂高强预压锚固技术的整套设计施工流程。

　　本书的写作和出版得到了三峡大学土木与建筑学院、三峡库区地质灾害教育部重点实验室同仁及各级领导的大力支持，同时得到了国家自然科学基金重点项目(51439003)、国家自然科学基金面上项目（51579138）、湖北省自然科学基金计划青年杰出人才项目（2018CFA065）、湖北省技术创新专项重大项目（2017ACA189）、湖北长江三峡滑坡国家野外科学观测研究站开放基金（2018KTL08）、成都理工大学地质灾害防治与地质环境保护国家重点实验室开放基金（SKLGP2016K023）等的资助，对此我们表示衷心的感谢。

鉴于该锚固技术研究是目前一个尚待开拓完善的研究领域，本书所述内容仅是作者对该领域的管见，不当之处在所难免，敬盼有关专家、学者不吝赐教。

作　者

三峡大学　求索溪畔

2018 年 11 月 13 日

目　　录

第 1 章

绪 论

1.1 工程背景及应用前景

1.1.1 锚固技术概述及工程问题分析

在岩土工程领域中，锚杆加固技术因具有显著的经济效益和优越的技术手段，获得了广泛的推广及应用。早在 1890 年，北威尔士（North Wales）在煤矿工程中采用钢筋加固矿体；20 世纪初在美国矿山中也采用了相似的方式进行加固。1911 年，美国开始将锚杆应用于煤矿工程和其他矿山工程中，对矿山顶板进行支护；此后，锚杆在支护工程中逐步推广，并表现出一定的代表性，如在 1918 年的西利西安进行的矿山开采工程中就将锚索作为锚杆对山体进行支护，1957 年德国鲍尔公司将锚杆应用于深基坑中，对基坑进行加固[1]。

1940 年，随着工程中岩土层的持续开挖，锚杆支护作为地下空间支护工程中比较突出的措施，它的应用在国外高速发展。目前，澳大利亚和美国为保证地下工程施工的安全性，将锚杆支护作为地下工程主要的支护方法。20 世纪 80 年代以来，锚杆支护在西欧、中欧及日本等国家和地区中也有了高速的发展和应用[2]。

在 20 世纪 50 年代后期，我国开始发展岩土锚固技术，如京西矿务局（现称北京矿务局）安滩煤矿等公司针对矿山巷道的稳定性采用管缝式锚杆进行加固。到 20 世纪 60 年代，我国将灌注普通水泥浆与喷射混凝土的方式作为锚杆，对铁路隧道、矿山巷道及各类边坡进行支护加固工程。到 1964 年，我国成功地将设计承载力为 2 400～3 200 kN 的预应力锚杆应用于安徽梅山水库大坝基础，对大坝进行了稳定加固[3]。到了 1969 年，海军某库采用锚杆支护的方式对地下 40 m 高的岩墙进行了稳定性支护，该方法解决了边墙稳定加固的问题，可节省 250 余万元的经济成本，同时加快了工期。近二十年来，预应力锚固的使用范围和规模不断得到发展，各类构筑物得到加固与支护。

据不完全数据统计，在 20 世纪 90 年代初，国内外各类岩石锚固工程中锚杆使用类型已达 600 余种，锚杆使用数量已超过 2.5 亿根[4]，如图 1.1 所示。

在锚杆锚固工程应用中，锚杆极限抗拔力的提高可以有效地实现锚固效果，体现出极高的经济效益。锚杆锚固段过长（6～15 m）及单位长度锚杆抗拔力过低是现有传统锚杆的劣势，这些均会在锚杆锚固中隐藏安全问题，如图 1.2 所示。现有相关试验研究成果表明，在具有地应力的环境中进行锚固，锚杆的极限抗拔力将会有大幅度的增加[5-6]。因此，很好地利用钻孔孔洞周围地应力条件，对大幅度提高锚杆极限抗拔力具有重要的意义。

对现有各类锚杆锚固技术的分析可知：机械型预应力锚杆的锚头昂贵，锚固段受力不均，稳定性差，抗拔力低；荷载分散型锚杆的抗拔力低，耐久性、安全性差，成本高；高压注浆锚杆的适用范围小，抗拔力增幅小，应力集中；扩头锚杆的设备成本高，场地要求高，抗拔力较低；囊式扩头锚杆的囊体高压下会破裂，密封性较差，成本极高。

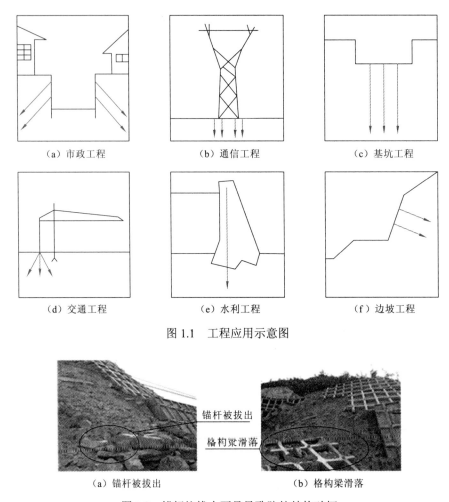

图 1.1　工程应用示意图

图 1.2　锚杆抗拔力不足导致防护结构破坏

　　因此，研究和开发大掺量膨胀混凝土锚杆技术具有深远的工程意义和实用价值。目前，膨胀剂用于水泥浆材料中，其一是对膨胀混凝土进行微膨胀，因其膨胀率较小，故仅仅用于混凝土的收缩补偿；其二是作为裂石剂，应用于静态爆破工程。而对于大掺量膨胀水泥浆材料，尚未有相关系统研究的文献报道。

1.1.2　自膨胀高强预压岩土体锚固技术的工作原理

1. 自膨胀浆体特性

　　在应用自膨胀锚固体进行锚固时，主要是将自膨胀浆体作为锚杆锚固体，通过围岩限制自膨胀浆体的膨胀，以此产生径向的膨胀压应力，来达到提高锚杆极限抗拔力的目的。其工作原理主要是依赖于膨胀剂发生的化学反应。膨胀剂的化学反应方程式为

$$Al_2O_3+3（CaSO_4 \cdot 2H_2O）+3Ca（OH）_2+23H_2O \Longrightarrow 3CaO \cdot Al_2O_3 \cdot 3CaSO_4 \cdot 32H_2O（钙矾石）$$

当有约束侧限时，围岩提供侧限，限制锚固体体积膨胀，使锚固体更致密，锚固体外表面光滑、致密，如图1.3（a）所示，此特点可作为锚固体应用于工程的契机。当无约束侧限时，钙矾石在无约束时可使固体的体积增大到原体积的220%。因此，常规锚固体力学试验无侧限情况中，大掺量膨胀剂锚固体会出现裂缝、散体现象，如图1.3（b）所示。这也是大掺量膨胀水泥浆无工程应用的原因。

（a）有约束侧限　　　　　　　　　　　（b）无约束侧限

图1.3　不同侧限条件锚固体对比图

2. 自膨胀锚固机理

文献[5]中指出当侧压系数由 0 增至 1.3 时，极限抗拔力荷载可增大 1.8 倍。当有侧向约束时，产生较大界面正应力，显著提高抗拔力，且作者初步试验显示：当膨胀剂掺量为 15% 时，土锚会出现显著的扩头效应（图 1.4），抗拔力由 3.9 kN 增大到 18.6 kN，增长为原来的 477%（图 1.5）；岩锚抗拔力由 341 kN 增加到 560 kN，增长为原来的 164%。由此可见自膨胀高强预压锚固技术能显著提高抗拔力。

 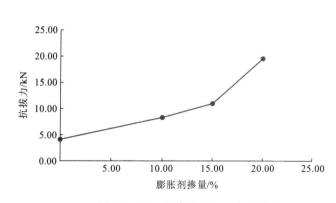

图 1.4　土锚锚固段扩头效果图　　　　　　　图 1.5　膨胀剂掺量与抗拔力关系图

岩体内部往往存在地应力，特别是在较深的地质环境下和地质构造所受影响较大的地区，存在的地应力往往较大，因此锚杆会受到围岩高地应力径向压应力的作用。另外，在利用岩体自身围压作用的同时，采用具有膨胀性的水泥浆代替无膨胀性的水泥浆，一方面消除了水泥浆干缩性对抗拔力的影响，另一方面，在钻孔周围强大围压（高地应力）作用下，锚固水泥浆膨胀性被限制，锚固体会对锚杆和孔壁产生较大的径向压力，这种压力对提高锚杆的抗拔力具有重要作用。

综上，自膨胀高强预压岩土体锚固技术机理主要是：锚固体被挤密，强度提高；对三主体（锚固体、围岩、锚杆）产生预压应力，通过提高预压应力，大幅度提高锚杆抗拔力。围压（地应力）的存在，加强锚固体约束力，进一步使锚固体的致密性增强，从而提高锚杆抗拔力。与传统锚杆相比，其大幅度提高了锚杆抗拔力，试验显示最高可达4.77 倍。其主要原因是：①增大了两主体（锚固体、围岩）的密度、强度、抗渗能力；②增加了两界面（锚固体与锚杆界面、锚固体与围岩界面）的正应力与摩阻力；③大幅降低了锚杆接触水与空气的概率，提高了锚杆的耐久性。锚固机理示意图如图1.6 所示。

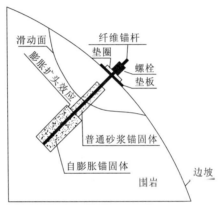

图1.6   锚固机理示意图

1.1.3   应用前景

基于施工成本分析，自膨胀高强预压岩土体锚固技术较传统锚固技术有以下优势：①节约机械锚固头费用；②实现土中自动扩头，节约购置扩头设备成本（约65 万元）；③跳过扩头工序，缩减锚固支护一半工期；④按掺量15%计算，增加材料成本3%，对应土锚中极限抗拔力增长3.77 倍，岩锚中增长0.64 倍；⑤抗拔力不变的前提下，锚杆锚固长度可减少50%。

综上所述，自膨胀高强预压岩土体锚固技术研究具有极高的工程价值，在较高地应力条件下应用该技术相比于无地应力条件下效果更加显著。该技术可应用于边坡加固、地下洞室及隧洞加固、深基坑支护加固、重力坝的建筑及加固、抗震防灾工程中的地层加固及其他各类构筑物的加固与支护。由于在工程中锚杆的使用数量巨大，该技术有极强的市场推广运用价值。

1.2 国内外研究现状

锚固技术的井喷式运用，也引起了不少国内外学者的广泛研究，研究主要集中在抗拔力、破坏模式、传力机理及复杂工程环境下的改进等几个方面。抗拔力作为锚杆在工程应用中的技术参数，直接关系到加固体的安全，是锚杆设计中的重要技术参数[7]。对锚杆抗拔力有广泛研究的国家有英国、法国、澳大利亚、加拿大等，且研究成果比较先进、成熟。对于锚杆杆体与灌浆体间的应力传递机制，Lutz 等[8]提出了应力在杆体与灌浆体间的传递有两种情形：当杆体与灌浆体之间未产生相对位移时，由于钢筋表面的螺纹使两者之间产生机械咬合力，锚杆所受荷载由机械咬合力抵抗；当两者产生相对位移时，机械咬合力受到破坏，则只存在摩阻力。同时认为决定锚杆极限抗拔力的主要因素是水泥浆液的灌浆。Kilic 等[9-10]研究了灌注水泥浆体及锚杆外形的不同对锚杆抗拔力所带来的影响。

近年来对极限抗拔力的研究广泛。周密[11]推导出了深埋式、浅埋式单盘和多盘式锚杆极限抗拔承载力计算公式。李哲等[12]依据现有理论计算推导出多段扩大头锚杆的抗拔力计算公式。唐孟华等[13]对锚杆的破坏性进行试验研究，给出了一种确定锚杆极限抗拔力的方法，为锚杆设计工程提供参考。卢肇钧等[14]研究表明，锚固长度在 10 m 以内将明显提高抗拔力，而当超过 10 m 后提高极限抗拔力的效果并不高。吴顺川等[15]、郭建新[16]研究结果显示，高压注浆可以明显地增大锚杆的承载力，主要体现于高压注浆过程中挤压作用可以增大岩体原始凝聚力。针对不同类型的锚杆，它的作用原理基本是相同的。于富才等[17]研究了非预应力锚杆的作用机理，结果表明非预应力锚杆在岩土体中发生变形之后开始起作用表征。

陈国周[18]研究了锚杆的摩阻力分布，其结果表明锚杆所产生的摩阻力峰值是随着锚头拉力的增大而逐渐向锚杆的末端进行移动的，但锚杆产生的部分滑移出现在前端。张晶[19]研究了岩体锚杆的锚固段轴力和剪力传递及分布规律。杨鹏[20]研究解析了锚杆在加固过程中的力的传递规律，为采用锚杆加固设计提供了参考依据。

在国际岩土工程领域中，英国教授 Hanna[21]是最早对岩土体锚固破坏形式进行研究的学者，他将锚杆的破坏模式归纳为三种，分别是锚杆拉断、锚杆的预应力损失和设计荷载低于实测荷载。我国也有很多学者对破坏模式进行了相关的研究，如李铀等[22]研究了锚固体的破坏模式和锚固力的传力变化规律，得到了此模式下稳定性的判别和锚固体损坏时的力传递推导公式。李国维等[23]指出当轴向拉应力大于或等于锚杆的抗拉强度时，则玻璃纤维锚杆会在自由段发生拉断破坏，当最大剪应力大于或等于锚杆的抗剪强度时，则玻璃纤维锚杆会在锚固段内发生剪切破坏。郭钢等[24]指出浅埋扩体锚杆破坏模式为整体剪切破坏，砂层表面在扩体锚杆破坏后未产生变形，破坏模式属局部剪切破坏。

锚固工程往往运用的环境极其复杂，这些复杂因素对锚固性能具有很大的影响，随着深部工程的不断进行，高地应力这一因素逐渐引起了不少学者的关注。李志鹏[25]基于地质学、岩石力学和损伤力学等理论，以岩石力学室内试验研究及现场监测检测数据为依据，研究了在较高地应力条件下硬质围岩开挖损伤区（excavation damage zone，EDZ）的动态演化机制。江权等[26]提出了在较高地应力条件下硬岩地层中开挖扰动围岩劣化的硬岩本构模型。李英华[27]以三峡工程为研究实例，通过分析深部条件下的地下硐室围岩体的变形特性，明确了发生岩爆的主要原因。李磊等[28]通过岩石试验，分析绿泥石千枚岩显著的各向异性力学特性，明确了岩块的破坏形式与荷载角度的关系。李鹏飞等[29]通过现场对围岩体的压力、支护钢架应力、锚杆轴力及围岩体处于的深部环境的监测，得到了初期加固体系各子构件与围岩压力的力学性质。

对于地应力测量，杨树新等[30]以三峡地下工程模拟试验为例研究处于较高地应力条件下硐室掘进后围岩应力的时空演化规律，开展了原地应力测量，应用压磁电感法高精度应力测试系统对地下硐室挖掘过程中围岩应力变化的全过程进行了跟踪监测。陈志敏[31]通过现场地应力的实测、理论研究及数值分析，研究了较高地应力条件下软岩隧道的围岩压力及围岩与加固结构的相互作用机理。李鸿博等[32]针对高地应力软岩公路隧道的特点，对湖北宜巴高速公路峡口隧道开展了地应力、隧洞收敛下沉、接触应力、结构受力等项目的监测工作。

目前，对锚杆拉拔过程中力的传递机理的研究，主要表现在对锚固段锚杆与锚固体、锚固体和四周岩土体间黏结力存在的分布规律的研究。英国、美国、法国等在该方面的研究处于国际领先地位。近年来，我国也增强了该方面的研究并取得了可观的成果[33]。对锚杆拉拔过程中力的传递机理的研究主要有两个方面：①现场和室内试验研究方法；②理论基础研究方法。

在现场和室内试验研究方面，Stillborg[34]对全长黏结式锚索受力机理的影响因素进行了较为系统的研究，结果表明添加剂（包括速凝剂、膨胀剂）对锚索受力机理和承载力的影响应做进一步研究。Fuller等[35]研究了荷载由锚索向黏结段锚固体水泥浆的传递情况。在位移较小时，荷载便达到峰值荷载；峰值荷载后，随着位移的继续增加荷载下降，直至残余荷载约为峰值荷载的1/2。20世纪70年代，Evangelista等[36]、Ostermayer等[37]针对粒状土和黏性土中浇筑锚杆，进行系列锚杆拉拔试验，研究表明锚杆注浆体与土体之间的表面摩阻力沿锚杆锚固长度呈非均匀分布。Fujita等[38]通过总结现场试验的大量成果，提出了临界锚固长度的概念，认为当锚杆的锚固长度超过临界锚固长度时，锚杆的极限抗拔力增加幅度较小。Nakayama等[39]针对水泥浆和钢筋的黏结强度进行了相关试验；Goris等[40]进行了锚杆支护过程中的相关试验研究；近年来Hyett、Bawdem、Caiser等进行了大量的锚杆拉拔荷载的传递受力机理研究，其中以Hyett等[41]的研究最为系统，通过现场和室内试验，研究得出锚索承载力的三种主要影响因素为水泥浆的性质、锚固长度和围岩的围压。程良奎等[42]对上海太平洋大饭店和北京京城大厦两个深基坑工程的拉力型锚杆锚固段黏结应力的分布形式进行了相关研究，开发应用了压力型锚杆，将锚杆所受的拉力转变为对锚固体的压力，从而减小锚固段的黏结应力峰值，在锚杆同等长度条件下，提高了锚杆的承载能力。朱焕春等[43]、荣冠等[44]通过对全长黏结式锚杆进行循环加载张拉试验，认为锚杆上的螺纹是造成锚固体应力分布少、应力高和锚固长度较小的主要因素，也是满足锚杆抗拔力要求的重要因素。丁多文等[45]通过大比例尺模型试验，认为锚固段的应力传递机理通常分为三种：黏结作用、机械锁制作用、摩擦作用。黄福德[46]针对李家峡水电站层状岩质边坡的锚固现状，分析得出锚索轴向拉力与内锚固段长度的关系。刘致彬等[47]采用薄壁金属管和石膏块体分别进行了预应力锚杆和实际岩层模拟试验，进行了室内模拟试验，并对比分析了传统拉力型锚索、典型压力型锚索和新型拉压复合型锚索三类锚索在内锚固段上的荷载分布规律。顾金才等[48-50]进行的课题"预应力锚索加固机理与设计计算方法"的研究，通过现场试验，研究了内锚固段的受力特点。

在众多锚杆荷载传递机理的分析方法中，Lutz 等[8]、Hansor[51]、Goto 等[52]均研究了荷载从锚索（杆）传到锚固体的力学传递机制。他们认为，锚索（杆）表面上存在细小的粗糙褶皱，浆体围绕着这些褶皱区域形成一个灌浆柱。在锚索（杆）和灌浆体之间的黏结破坏之前，其主要是黏结力发生作用，锚索（杆）和浆体发生相对位移后，两界面之间会发生滑移破坏，这时锚索（杆）和灌浆柱之间的摩阻力发挥主要作用。Philips[53]假定锚杆杆体摩阻力沿锚固长度呈指数分布：

$$\tau_x = \tau_0 \mathrm{e}^{-\frac{A_0 x}{d_b}} \tag{1.1}$$

式中：τ_0 为初始剪应力；A_0 为锚固体截面面积；x 为锚固长度；d_b 为锚杆直径。

该公式引用十分广泛，张季如等[54]运用数学和力学的方法，建立荷载传递双曲函数模型，通过分析得到：锚杆的剪切位移、摩阻力分布和临界锚固长度均取决于锚固体与灌浆体之间的剪切模量与灌浆体弹性模量之比。Aydan 等[55]考虑杆体、灌浆体和岩土体及各界面之间的弹性性能，推导出锚杆荷载分布的理论解。尤春安[56]和曹金国等[57]假定埋入岩体中的锚杆为半无限长，锚杆与锚固体之间的变形是弹性状态，最终得出岩体的位移与锚杆杆体的总伸长量相等的结论。王建宇等[58]依据共同变形理论，考虑了锚杆、锚固体和锚固基层的相互作用力，通过 Mindlin 弹性理论求解锚杆内部的受力。何思明[59-60]通过 Mindlin 应力解及应力叠加原理算出岩石和土体内所有地方的应力位置以及大小，通过把每一层的参数和数据进行总结分析，得到岩石的所有位置的变形数值，由岩石和锚固体的受力和形状变化列出方程组。蒋忠信[61]参考以前的实地试验，提出拉力形式的锚固处剪应力分布高斯方法。其相信锚固处的连接力与锚固体的强度及岩土体边上的强度相关。赵赤云[62-63]、杜龙泽等[64]、刘波等[65]利用弹性理论，认为预先施加应力的锚索端部及锚固处产生的应力是作用在半无限体上面的所有地方产生的应力和应变，运用弹性力学中的一些方法及计算机模拟计算方法，最后得到在半无限体表面上所产生的力，从而计算得到锚索产生的应力在岩石中的分布和在锚固体四周的剪力分布。李铀等[22]认为，预先施加应力的锚索破坏时，被钢绞线切下来的块状固体分开破坏。运用块状体的平衡方法，研究锚固体的破坏模式，并且分析锚固体破坏时力的分布规律，最后得到这种情形下块体的稳定性及破坏时锚固力的公式。

孔宪宾等[66-67]运用数理方法，研究了土体和锚杆及锚固体之间的作用方式，得到了锚杆和土体之间的弹塑性数理解。肖世国等[68]研究出了锚固处剪力在不同位置的一种分布模式，他们认为越是靠近锚固体端部，所得到的剪力值越大，而两边则越来越小。在这个基础上他们提出了确定锚固体长度的方法。陆士良等[69]在研究锚杆在实际中所能提供的最大拉拔力的规律时，模拟了锚杆的受力情况，通过微分法得到锚杆力学平衡方程，由微分方程求得锚杆上剪力分布规律曲线为

$$\tau(x) = ce^{-\frac{x}{D_0}\sqrt{\frac{8K}{E_2}}} \qquad (1.2)$$

式中：c 为积分数，它与 Philips[53] 反映的锚杆上的剪力分布及大多数的实地试验结果一致；x 为锚固长度；D_0 为锚固体直径；E_2 为锚固体的弹性模量；中硬岩时，K 取为 E_2 的 $1/50 \sim 1/10$，软岩时，$E_2 = 100 \sim 1\,000K$。

在以上理论研究发展的同时，不少专家学者也在努力地探索发现新的混凝土添加剂，以期在混凝本身的性质上得以强化。1890 年前后，工程界人士发现一种当时称为"水泥杆菌"的水化产物[70]，它是水泥中三种矿物成分与外界侵蚀介质（硫酸盐等）作用而生成的。因为该产物化学组成中含有大量结晶水，体积增大了 $1 \sim 1.5$ 倍，并且该产物的形成时间是在水泥硬化之后，所以造成水泥石膨胀破坏。然而直到 20 世纪 70 年代，美国学者 Klein 利用硫铝酸钙的膨胀性获得了制造膨胀水泥的专利权[70]，从膨胀水泥中分离出来的膨胀性组分作为单独的膨胀剂使用。由于将膨胀剂作为膨胀性组分掺到水泥中使用，不管是在使用、保管、运输等方面，还是在经济效益等方面都比膨胀水泥更为直接，世界各国相继开展了广泛的膨胀剂研究与应用工作。

国内的膨胀剂技术发展较晚，但进步很快。1979 年，吴中伟先生撰写的《补偿收缩混凝土》专著出版，这是我国科学界首次提出补偿收缩混凝土理论。1985 年，在吴中伟的指导下，中国建筑材料科学研究总院研制成功 U 型膨胀剂（u-type expansive agent for concrete，UEA）、铝酸钙膨胀剂（aluminate expansion agent，AEA）、复合膨胀剂（compound expansive agent，CEA）等多个型号的混凝土膨胀剂。此后，以游宝坤、曹永康、赵顺增、刘立等几位专家的研究为代表的混凝土膨胀剂科学迈入了新的历史阶段。此后三十年，国内混凝土膨胀剂广泛应用到房建、水利、道路交通、核电等多个分支领域，并为国家生产建设带来了良好经济效益。

如今我国混凝土膨胀剂年销量 100×10^4 t 左右，而日本膨胀剂销量在 $6 \sim 8$ t，可见膨胀剂作为一种新型的外加剂，在我国应用已非常广泛，对其应用的研究也越来越深入。游宝坤等[71]提出了补偿收缩混凝土的膨胀及其补偿收缩过程，对延迟钙矾石生成现象应予以重视。李乃珍[72]、李乃珍等[73-74]分析了补偿收缩混凝土抗裂的理论依据，从造成工程开裂的实际原因出发，提出"抗""放"结合的补偿收缩混凝土防裂系统的概念，按照"抗""放"的区属总结了可供选择的原则性措施，研究了膨胀剂与粉煤灰用量、泵送剂、强度等级及砂率、W/C（W 为水，C 为水泥）对补偿收缩混凝土限制膨胀率的影响，认为前四种是主要影响因素，并简要分析了影响原因，对于补偿收缩混凝土的配合比设计具有实际的应用意义。

鲁统卫等[75]研究了粉煤灰不同掺量条件下的水化热、常温和高温下的膨胀性能、力学性能和耐久性能，探讨了混凝土设计的有关问题及工程应用实例。赵顺增等[76]根据无水硫铝酸钙水化生成钙矾石的原理，设计了一种硫铝酸钙膨胀剂，并对其性能进行了研

究。徐彦等[77]通过测试掺加 CSA 膨胀剂的水泥胶砂的物理力学性能和膨胀性能，并对由这些水泥配制的混凝土的坍落度和力学性能进行了试验。江云安等[78-79]介绍了 HF 高抗裂、高性能混凝土膨胀剂的技术性能及补偿收缩作用机理，阐述了有关混凝土刚性防水技术的要点和技术特征、刚性防水工程的设计与施工，同时介绍了高性能混凝土抗硫酸盐侵蚀的机理。王莹[80]讨论了试件脱模时间、不同水泥对砂浆限制膨胀率试验结果的影响，表明不同的脱模时间、不同的水泥及其出厂时间，试件的限制膨胀率不同。

基于上述论述可总结出：大量的岩土工作者通过实践工程数据分析、试验研究以及数值分析，取得了以上诸多成果。但由于岩土的地质条件复杂多变，在实际工程中受众多因素的制约，锚固技术仍有待发展。因此，结合膨胀剂的自膨胀性能，研发自膨胀高强预压锚固技术是对锚固领域的一次创新。

1.3 本书的主要内容

本书通过大量系统的室内、现场试验和理论分析，提出自膨胀高强预压锚固这一全新的支护技术，阐明了自膨胀锚固体对锚杆抗拔性能的影响规律。

第 1 章从工程背景入手，概述锚固工程理论的探索历程及应用领域的发展状况，重点介绍了自膨胀高强预压锚固技术的锚固机理、膨胀剂的物理化学作用机制和自膨胀高强预压锚固技术的应用前景。

第 2 章内容为膨胀水泥浆基本性质，基于膨胀水泥浆中的膨胀剂在不同限制条件下所表现出的不同膨胀特性，从膨胀水泥浆流动性、初终凝时间、硬化密度及密实度四个方面开展研究和试验，通过记录掺有膨胀剂的水泥浆在搅拌、流动、凝固及最后硬化过程中的数据，分析得出添加膨胀剂可使水泥浆流动性、初终凝时间、密实度有所改善，利于施工的结论，发明了一种基于 CT 技术的岩石损伤层进式分析方法（发明专利号：201610597318.1），对试样 CT 显示，添加膨胀剂会使浆体密实度增加。

第 3 章内容为类岩石材料高强预压锚固试验，探究自膨胀锚固体对锚杆抗拔力的影响规律，选择力学特性方面与岩石相似的混凝土板作为试验载体，通过锚杆抗拔力与位移之间的关系得出自膨胀锚固体宏观力学参数及锚杆界面应力分布特征，指出自膨胀锚固体在自膨胀压力作用下，提高围岩和钢筋的黏结应力及自身的密实度，使抗拔力显著提升。

第 4 章内容为岩石高强预压锚固试验。为进一步验证自膨胀高强预压锚固技术的可行性，将自膨胀锚固体应用于真实岩石载体中。在强风化砂岩和中风化砂岩中分别开展不同膨胀剂掺量的锚固拉拔试验，得到拉拔过程中的锚杆位移荷载曲线及不同荷载等级下轴力、剪应力沿杆长的分布规律，以及自膨胀锚固体应用的两个必要条件。同时将现场取回的岩心根据提出的一种基于同步化方法测量岩样抗拉强度的方法（发明专利号：201510153407.2）进行室内劈裂试验，用岩心的抗拉强度表征钻孔围岩抗拉强度。最后提出一种模拟较高地应力条件下岩体锚固的方法（发明专利号：201711079426.0），得出极限抗拔力随着地应力增大而线性增大的规律。

第 5 章内容为自膨胀锚固体加固机理分析,提出一种用 CT 分析不同掺量膨胀剂锚固体膨胀机制的方法(发明专利号:201711460137.5),对不同膨胀剂掺量的自膨胀锚固体进行 CT 研究,测得不同掺量膨胀水泥浆体径向压实程度的变化规律,进而从力学的角度给出不同掺量的膨胀水泥浆锚固机理。同时分别从有、无约束两种情形揭示自膨胀锚固体径向压密程度随着膨胀剂掺量变化的变化规律,阐明大掺量膨胀剂应用于锚杆支护,提高极限抗拔力的原因,即约束条件下随着膨胀剂掺量的提高,外环压应力比内环增长显著,致使锚固体外环比内环更加密实。

第 6 章内容为高强预压作用下锚杆应力分布规律。首先介绍锚杆在外部荷载作用下杆体传力到锚固体及深层围岩的基本原理,这也是研究被加固岩土体整体稳定性的重要基础。由于自膨胀高强预压锚固技术是一种未曾提及的全新加固技术,在拉拔过程中不仅受到轴向拉拔力、界面剪力的作用,而且受到膨胀压力的作用。因此,基于传统锚杆应力公式,提出了一套适用于自膨胀高强预压锚固技术的锚杆剪应力与轴力预测公式,且公式计算值与实测值吻合度较高。

第 7 章内容为高强预压作用下锚固体长期稳定性试验。首先通过长期监测得到自膨胀锚固体与钢管间的挤压力大小、钢管外径随时间的变化关系。然后开展不同侧限条件下的干燥、浸水环境中自膨胀锚固体长期稳定性试验,无论是干燥还是浸水条件其长期体积稳定性都得到了良好保证,同时膨胀剂用于水泥浆体中可提高锚固体的密实性、抗渗性,在一定程度上能起到保护锚杆的作用。

第 8 章内容为自膨胀高强预压锚固技术现场应用。通过在三峡库区展开各类型载体的大规模野外现场锚固试验,配合非金属声波测试技术、压力测试技术、应变采集技术、内窥镜探洞摄像技术等得到了翔实的试验数据。经分析,总结了岩、土质边坡中自膨胀高强预压锚固技术中锚杆的受力分布规律、锚固段变形阶段的演化规律、膨胀力与锚固长度的关系及复杂环境中的锚固规律,完善了自膨胀高强预压锚固技术的应用理论。

第 9 章的内容为高强预压锚固技术设计方法。首先,通过提出的一种能快速确定最优膨胀剂掺量的方法(发明专利号:201710043520.4),快速确定膨胀剂的最佳掺量。然后,现场胀裂试验结合数值模拟计算给出了自膨胀高强预压锚固技术的一般施工流程。最后,考虑岩层和锚固力、钢筋强度、砂浆强度三方面的因素给出了自膨胀高强预压锚固参数优化设计方法。

第 2 章

膨胀水泥浆基本性质

2.1　膨胀水泥浆流动性

膨胀水泥浆中的膨胀剂属于硫铝酸钙类，其主要由 15% 左右的高铝水泥、5% 左右的 Ca（OH）$_2$ 和 80% 左右的 CaO 组成，膨胀水泥浆发生膨胀的主要原因是其材料水化生成了钙矾石（3CaO·Al$_2$O$_3$·3CaSO$_4$·32H$_2$O），钙矾石（即水化硫酸钙，简称 AFt）的形成和发育使整个体系中固相体积增加[81]。不同限制条件下钙矾石的宏观膨胀特征可以通过多孔的 AFt 层围着 C$_4$A$_3$S 粒子长大而不断膨胀的球体模型加以讨论[70]。

不同限制条件下的膨胀剂反应状态可分为临界水化状态、无限制状态、单向限制状态和双向限制状态四类。临界水化状态为刚达到的开始接触状态，未出现膨胀，如图 2.1（a）所示。无限制状态表达的是随着水化程度的加快，体积出现增大趋势，在无限制条件下表现为自由膨胀，宏观体积和孔隙体积同时增加，如图 2.1（b）所示。单向限制状态下，当球体膨胀时受到单向限制，从限制方向看膨胀率为 0，由膨胀增加到该方向的限制应力将会增加其强度。而另一方向将产生无限制的膨胀，该方向的强度会低于限制方向上的强度，如图 2.1（c）所示。双向限制状态指的是若球体受到双向限制，由于限制力的作用，新生成的钙矾石只能填充球体空间，使球体更加密实。但是，当双向限制力不能阻止体积膨胀时，球体和钙矾石晶体之间仍会存在一定的孔隙，如图 2.1（d）所示。

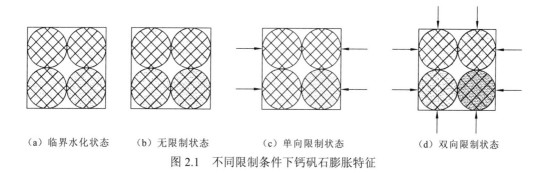

（a）临界水化状态　　　（b）无限制状态　　　（c）单向限制状态　　　（d）双向限制状态

图 2.1　不同限制条件下钙矾石膨胀特征

由于钙矾石在不同限制条件下所表现出的膨胀特性不同，若要将膨胀水泥浆应用于锚固工程，应对膨胀水泥浆体的基本性质进行可行性研究。本章从膨胀水泥浆流动性、初终凝时间、硬化密度及密实度几个方面开展研究。

水泥浆的流动性是指水泥浆体在自重或施工机械振捣的作用下，能够流动并均匀密实地填满模板的性能。在锚杆灌浆工程中，水泥净浆的流动性是一项非常重要的技术指标，它直接关系到施工效率及工程质量。在水泥浆中加入大掺量的膨胀剂是否会导致水泥浆的流动性发生改变，从而影响正常的施工时间及顺序，是大掺量膨胀水泥浆锚固技术在应用与推广前需要研究清楚的一项基本性质。

采用传统水泥净浆在实验室中流动性的测试方法，针对不同膨胀剂掺量的膨胀水泥浆进行流动性测试。

所用器材：水泥净浆搅拌机、玻璃板（400 mm×400 mm，厚 5 mm）、截锥圆模（高度为 60 mm，上口直径为 36 mm，下口直径为 60 mm）、天平、刮刀、钢直尺（300 mm）、秒表。

试验分组：根据试验要求，平行试验不少于 3 个，将膨胀剂掺量分为 0、5%、10%、12%、14%、15%、16%、18%、20%，共计 9 组，每组 3 次平行试验。

试验步骤：

（1）将玻璃板水平放置，用湿布将玻璃板、截锥圆模、水泥净浆搅拌机均匀擦过，使其表面湿而不带水渍。

（2）将截锥圆模放在玻璃板中央，并用湿布覆盖。

（3）称取水泥与膨胀剂，倒入水泥净浆搅拌机内。

（4）加入水，搅拌 3～5 min。

（5）将拌好的净浆迅速注入截锥圆模内，用刮刀刮平，将截锥圆模垂直方向提起，同时开启秒表计时，使膨胀水泥浆在玻璃板上流动至少 30 s，用直尺测量流淌部分互相垂直的两个方向的最大直径，取平均值作为膨胀水泥浆流动度。

试验结果分析：

按照上述试验步骤开展试验，如图 2.2 所示，试验结果如表 2.1 所示。

 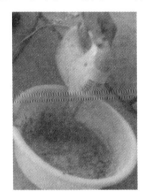 

（a）称取水泥及膨胀剂 　　　（b）搅拌膨胀水泥浆 　　　（c）浆体装模

图 2.2　不同膨胀剂掺量的膨胀水泥浆流动性测试试验图

表 2.1　流动度测试结果

水泥用量/g	用水量/g	膨胀剂/g	膨胀剂掺量/%	流淌最大直径/mm
300	105	0	0	7.5
285	105	15	5	9.2
270	105	30	10	11.3
264	105	36	12	8.0
258	105	42	14	7.4
255	105	45	15	7.6
252	105	48	16	8.7
246	105	54	18	10.8
240	105	60	20	11.2

根据表 2.1 中的流动度试验结果，绘制膨胀水泥浆流淌最大直径随膨胀剂掺量变化的曲线，如图 2.3 所示。

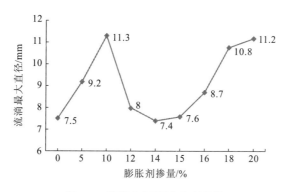

图 2.3 膨胀水泥浆流动度变化

（1）在膨胀剂掺量达到 10%之前，膨胀水泥浆的流动度随膨胀剂掺量的增加而呈线性递增的趋势，但当膨胀剂掺量超过 10%后，膨胀水泥浆流动度出现下降，并于 14%膨胀剂掺量时达到最小值，随后再次上升，直至 20%膨胀剂掺量时达到与 10%膨胀剂掺量相近的流动度。

（2）在膨胀剂掺量达到 10%之前，曲线出现第一个上升段的原因是膨胀剂材料本身的流动度比水泥浆稍大，当使用膨胀剂"替换掉"部分水泥时，相当于在水泥中加入"润滑剂"，虽然膨胀剂结合水的能力较水泥更强，但此时膨胀剂对浆体的影响由流动度主导，所以膨胀水泥浆的流动度有一定的提高。

（3）当膨胀剂掺量超过 10%时，曲线出现下降段的原因是，随着膨胀剂掺量的增加，膨胀剂结合水的能力成为主导作用，发生和水泥争水的现象，与水泥相结合的水随之减少，浆体的流动度变得很低，所以膨胀水泥浆的流动度出现下降的趋势。

（4）在膨胀剂掺量超过 14%后，曲线再次出现上升段的原因是水泥掺量进一步减少，膨胀剂掺量的增加使水泥结合的水也相对更少，但因为膨胀剂的流动度大于水泥，这时候膨胀剂自身的流动度成为影响膨胀水泥浆流动度的主导因素，所以膨胀水泥浆的流动度有一定的提高。

2.2 膨胀水泥浆初终凝时间

为使膨胀水泥浆有充分的时间进行搅拌、运输、振捣、灌注，膨胀水泥浆初凝时间不能过短，而当施工完成，则要求尽快硬化，具有强度，故终凝时间不能太长。因此，膨胀水泥浆与水泥净浆相比，初终凝时间是否有较大变化，会不会影响正常的锚杆灌浆工程，是我们需要重点关注的。

采用传统水泥净浆在实验室中进行初终凝时间测试的方法，针对不同膨胀剂掺量的膨胀水泥浆进行初终凝时间测试。

所用器材：水泥净浆搅拌机、维卡仪（图 2.4）、截锥圆模（高度为 60 mm，上口直径为 36 mm，下口直径为 60 mm）、天平、刮刀、秒表。

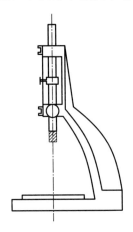

图 2.4 维卡仪示意图

维卡仪的试针为由钢制成的圆柱体，其初凝针有效长度为（50±1）mm、终凝针有效长度为（30±1）mm，直径为（1.13±0.05）mm，滑动部分的总质量为（300±1）g。与试针连接的滑动杆表面应光滑，能靠重力自由下落，不得有紧涩和旷动现象。

试验分组：根据试验要求，平行试验不少于 3 个，将膨胀剂掺量分为 0、5%、10%、15%、20%，共计 5 组，每组 3 次平行试验。

试验步骤：

（1）首先调整凝结时间测定仪，使试针接触玻璃板时指针对准零点。

（2）按照预先设定的配比称取水泥、膨胀剂试样，以 0.35 的水灰比配制膨胀水泥净浆，拌和结束后，将拌制好的膨胀水泥净浆装入试模中，轻轻振动数次，用小刀刮去多余净浆，并立即放入湿气养护箱中。记录将水泥与膨胀剂加入水中的时间，并将其作为凝结的起始时间。

（3）初凝时间的测定。试件在湿气养护箱中养护 30 min 后进行第一次测定。测定时，取出试件，放到试针下，降低试针与膨胀水泥浆的表面接触，拧紧螺丝 1～2 s 后突然放松，试针垂直自由地沉入膨胀水泥浆，观察试针停止下沉或释放 30 s 时指针的读数。当试针沉至距底板（4±1）mm 时，膨胀水泥浆达到初凝状态，由水泥与膨胀剂加入水中至初凝状态的时间为水泥的初凝时间。

（4）终凝时间的测定。在完成初凝时间测定后，立即将试件连同浆体以平移的方法从玻璃板上取下，翻转 180°，直径大端向上，小端向下，放在玻璃板上，再放入湿气箱中继续养护，临近终凝时间每隔 15 min 测定一次，当试针沉入试体 0.5 mm 时，认为膨胀水泥浆达到终凝状态。由水泥与膨胀剂全部加入水中至终凝状态的时间为水泥的终凝时间。

试验结果分析：

按照上述试验步骤开展试验，如图 2.5 所示，试验结果如表 2.2 和图 2.6 所示。

（a）称取水泥及膨胀剂　　　（b）装模及养护　　　（c）初终凝时间测定

图 2.5　不同膨胀剂掺量的膨胀水泥浆初终凝时间测试试验图

表 2.2　膨胀水泥浆初终凝时间（养护温度为 21 ℃）

水泥用量/g	水用量/g	膨胀剂用量/g	膨胀剂掺量/%	初凝时间/min	终凝时间/min	初终凝时间差/min
500	150	0	0	275.0	365.0	90.0
475	150	25	5	289.0	390.0	101.0
450	150	50	10	316.0	380.0	64.0
425	150	75	15	355.0	375.0	20.0
400	150	100	20	272.5	360.0	87.5

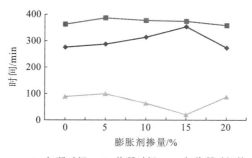

图 2.6　膨胀水泥浆初终凝时间变化规律

膨胀剂掺加对膨胀水泥浆的初终凝时间影响并不很大，而且膨胀剂的影响是朝有利于工程的方向发展的。当膨胀剂掺量小于 15% 时，初凝时间随膨胀剂掺量的增加而增加，当膨胀剂掺量达到 15% 时，膨胀水泥浆初凝时间较水泥净浆增加 29%，这将有利于工程施工，有更加充分的操作时间。当膨胀剂掺量继续增加到 20% 时，初凝时间逐渐降低并达到与水泥净浆相近的时间。终凝时间较初凝时间而言，差别更加微弱，当膨胀剂掺量为 5% 时，终凝时间变化最大，较水泥净浆增加 6.8%，可忽略不计。综合考虑初终凝时间，膨胀水泥浆较水泥净浆时间差更小，因此更有利于工程整体施工，尤其是在 15% 膨胀剂掺量下，初终凝时间差较水泥净浆缩短 78%。

2.3 膨胀水泥浆硬化密度

膨胀水泥浆硬化后的固体密度是膨胀水泥浆这一新型材料的一项基本物理参数，准确获得其硬化后的密度具有极其重要的意义。需要说明的是，这里所提到的膨胀水泥浆固体应该是在约束条件下的状态，而并非通常意义上的自然裸露状态，这可由膨胀水泥浆的特殊性知道。

针对膨胀水泥浆的特殊性，发明设计了一种密度测量筒，如图 2.7 所示，该膨胀水泥密度测量筒包括下底板和上盖板，上下均开口的圆筒体位于下底板和上盖板之间，并通过多根螺杆与下底板和上盖板连接形成一个整体，圆筒体的侧面开设有边缝，边缝两边的圆柱体上各设置有紧固装置，紧固装置由至少一组紧固螺帽和紧固螺栓组成。圆筒体的两侧各设置有连接环体，多根螺杆分别穿过上盖板、连接环体和下底板将下底板、上盖板与圆筒连接形成一个整体。螺杆顶部安装有连接螺栓。下底板和上盖板均为上下表面光滑的板体。使用此密度测量筒，在试验时配置不同掺量的膨胀水泥，通过紧固装置的拧紧、松开来组合或拆解装置，可以在围压环境下反复测量不同掺量的膨胀水泥的密度；并且选用不同壁厚的圆筒来模拟不同强度的围岩，使其更符合实际情况。因此这种密度测量筒具有能创造较强围压环境、操作简便、外形简洁、造价便宜、经济性好的优点。附加排水法测量，较为精确地测量出膨胀水泥的密度，满足工程要求。

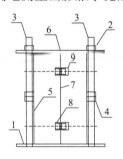

图 2.7 密度测量筒

1 为下底板；2 为连接螺栓；3 为螺杆；4 为连接环体；5 为圆筒体；
6 为上盖板；7 为边缝；8 为紧固螺帽；9 为紧固螺栓

试验分组：根据试验要求，平行试验不少于 3 个，将膨胀剂掺量分为 0、5%、10%、15%、20%，共计 5 组，每组 3 次平行试验。

试验步骤：

（1）测量仪器自身体积的测量。通过排水法测量其体积，在小水桶装上适量的水，放在电子秤上，并且置零度数；然后将圆筒体 5 放到水中测量（圆筒体 5 四周与小水桶没有接触），因为水的密度为 1 g/cm^3，且圆筒体 5 受到的浮力和水体受到的反向推力相等，所以电子秤上的质量示数就是圆筒体 5 的体积 v_1。同理测量出下底板 1、上盖板 6 和螺杆 3 的体积 v_2。

（2）测量密度筒的质量。用电子秤测量整个仪器的空质量 m_1。

（3）灌浆及密封凝固。首先在圆筒体 5 的边缝 7 贴上防水垫条，并拧紧紧固装置。在下底板 1 和圆筒体 5 之间放入垫片，然后用螺杆 3 穿过连接环体 4 拧进下底板 1 的螺母孔，再套上连接环体 4 上的螺栓，使下底板 1 和圆筒体 5 成为一个整体，方便灌浆振捣密实。然后按照质量比为 1∶0.35 的水灰比，0、5%、10%、15%、20% 的膨胀剂掺量，人工搅拌 5 min，使膨胀水泥搅拌均匀。最后将膨胀水泥浆灌入圆筒体 5，用震动机振捣密实，在圆筒体 5 顶部加上垫片，盖上上盖板 6，拧紧连接螺栓 2，在恒温恒湿环境下自然放置 7d，让其凝固。

（4）再次测量并求膨胀水泥密度。膨胀水泥凝固后，用电子秤测量装满膨胀水泥的密度测量筒的质量 m_2，然后实施步骤（1）的排水法，测量膨胀后的密度测量筒的总体积 v_3。所以圆筒体 5 内膨胀水泥柱的质量为 $m = m_2 - m_1$，体积为 $v = v_3 - (v_1 + v_2)$，由密度公式 $\rho = \dfrac{m}{v} = \dfrac{m_2 - m_1}{v_3 - (v_1 + v_2)}$ 即可得出膨胀水泥硬化后密度的精确值。

试验结果分析：

按照上述试验步骤开展试验，如图 2.8 所示。试验结果如表 2.3 所示。

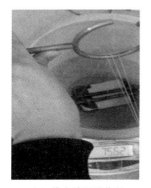  

（a）排水法测量体积　　　（b）测量密度测量筒质量　　　（c）灌浆及密封凝固

图 2.8　试验步骤过程图

表 2.3　密度测试结果

编号	膨胀剂掺量 /%	密度测量筒的质量 m_1/g	密度测量筒的空体积 (v_1+v_2) /cm³	含有膨胀水泥的密度测量筒质量 m_2/g	含有膨胀水泥的密度测量筒体积 v_3/cm³	膨胀水泥密度 ρ/（g/cm³）
1	0	1 032.200	135.600	1 257.300	252.600	1.923
2	5	1 120.500	147.800	1 340.700	261.900	1.933
3	10	1 170.300	153.100	1 385.800	270.900	1.931
4	15	1 061.400	137.400	1 292.400	256.700	1.941
5	20	1 043.800	137.000	1 266.100	252.800	1.928

由以上测量结果可知，约束条件下，不同膨胀剂掺量的膨胀水泥浆密度与水泥净浆

密度几乎相同，即膨胀作用下，浆体硬化后其密度不发生改变，膨胀作用会使浆体密实度增加。

2.4　膨胀水泥浆密实度

第 2.3 节中提到，膨胀水泥浆的膨胀作用会使浆体密实度增加，本节采用 CT（computer tomography，计算机断层扫描）技术对浆体密实度展开研究，验证猜想。

使用钢制模具（图 2.9）浇筑不同膨胀剂掺量的圆柱形水泥浆试样，拆模后分次利用 CT 技术进行扫描，CT 值越大代表密实度越高。

图 2.9　钢制模具

采用作者发明的一种基于 CT 技术扫描的岩石损伤层进式分析方法（发明专利号：201610597318.1），对试样不同层面进行环状精确分析，对比密实度变化情况。具体做法如下：

（1）将圆柱形试样某一横截面划分为半径分别为 0.5 cm、1 cm、1.5 cm、2 cm、2.5 cm 的同心圆（或者半径差更小），从而将扫描圆面分成了五个部分，由外而内分别记为环 1、环 2、环 3、环 4，如图 2.10 所示。

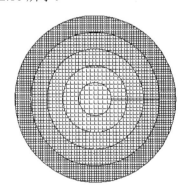

图 2.10　圈层分布

（2）分别对该横截面上的每一个圆进行 CT 技术扫描，得到每一个圆内的 CT 平均值为 CT_1、CT_2、CT_3、CT_4、CT_5，取每一个圆环的面积为 S_1、S_2、S_3、S_4、S_5，则

$$CT_{ave(n)} = \frac{CT_{(n)}S_{(n)} - CT_{(n-1)}S_{(n-1)}}{S_{(n)} - S_{(n-1)}} \tag{2.1}$$

式中：$CT_{ave(n)}$ 为每一个圆环的 CT 平均值；$CT_{(n)}$ 为第 n 个圆环的 CT 值；$CT_{(n-1)}$ 为第 n-1 个圆环的 CT 值；$S_{(n)}$ 为第 n 个圆环的面积；$S_{(n-1)}$ 为第 n-1 个圆环的面积。

由式（2.1）计算得出每一个圆环的 CT 平均值。

采用上述方法，对膨胀剂掺量为 10%、0 的两个试样采用 CT 技术进行扫描，并计算不同圆环的 CT 值，研究其密实度，如图 2.11 所示。

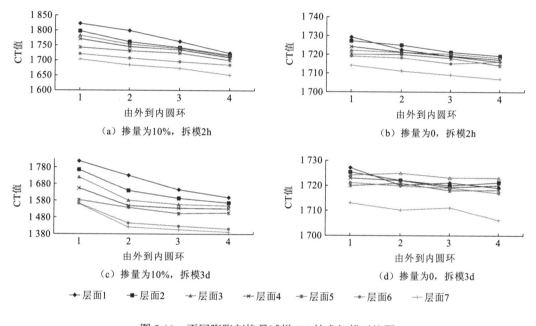

图 2.11　不同膨胀剂掺量试样 CT 技术扫描对比图

约束条件下，膨胀剂掺量为 10%时对应的浆体密实度整体大于不掺加膨胀剂的浆体密实度，但由于钢制模具一端约束大于另一端，膨胀剂掺量为 10%对应的浆体不同层面 CT 值变化较大，呈依次降低趋势。膨胀剂掺量为 0 时对应的浆体则 CT 值变化不大。拆模 3d 后，膨胀剂掺量为 10%对应的浆体 CT 值整体大幅降低，这主要是由于无侧限条件下，浆体膨胀压力导致自身变松散甚至散体，而膨胀剂掺量为 0 时对应的浆体 CT 值差别不大，较为稳定。

2.5　本章小结

本章从膨胀剂反应原理、膨胀水泥浆流动性、膨胀水泥浆初终凝时间、膨胀水泥浆硬化密度等基本性质开展研究，得到的结论如下：

（1）膨胀水泥浆的流动度与膨胀剂掺量总体符合线性递增的关系，但当膨胀剂掺量超过一定量后，膨胀水泥浆流动度下降。总的来说，添加膨胀剂后的水泥浆流动性较水泥净浆有一定程度的提高，这将有利于工程施工，满足了大掺量膨胀水泥浆工程应用的前提条件。

（2）膨胀剂的掺加对膨胀水泥浆的初终凝时间影响不大，而且膨胀剂的影响是朝有利于工程的方向发展的。综合考虑初终凝时间，膨胀水泥浆较水泥净浆时间差更小，因此更有利于工程整体施工，尤其是在15%膨胀剂掺量下，初终凝时间差较水泥净浆缩短78%。

（3）约束条件下，针对膨胀水泥浆的特殊性，发明设计了一种密度测量筒，得出不同膨胀剂掺量的膨胀水泥浆密度与水泥净浆密度几乎相同，即膨胀作用下，浆体硬化后其密度不发生改变。

（4）约束条件下，根据发明的一种基于CT技术扫描的岩石损伤层进式分析方法，对10%掺量试样采用CT技术进行扫描，结果显示试样CT值较未添加膨胀剂试样而言明显增大，密实度更好。这表明膨胀作用会使浆体密实度增加。

第 3 章

类岩石材料高强预压锚固试验

3.1　锚杆抗拔力试验

3.1.1　试验载体制作

本次试验目的是探究自膨胀锚固体对锚杆抗拔力的影响规律，通过对锚杆抗拔力与位移之间关系和锚杆剪应力分布规律的分析，掌握自膨胀对锚杆抗拔性能的影响，为锚杆钻孔孔径、锚固长度等的优化提供理论指导。

试验场地选择在排水条件较好，地基密实度较高的场地，为保证膨胀水泥浆自膨胀凝固后产生的膨胀力对围岩不造成破坏，锚杆灌注采用现浇混凝土板并预留灌浆孔的方式进行。预留孔混凝土板制作步骤如下，各阶段如图 3.1 所示。

（a）基坑开挖模板支护　　　　（b）预留孔定位　　　　（c）混凝土搅拌

（d）混凝土运输浇筑振捣　　　（e）混凝土抹面　　　（f）拔管及洒水覆膜养护

图 3.1　预留孔混凝土板制作步骤

场地处理：选择试验场地，要求地势较高，排水条件良好，进行场地平整，地基适当夯实。

模板制作及支撑：在模板制作完毕后，进行支模，支模要求稳固不变形，周围支撑情况要反复检查。在支撑模板时，将预制孔径的模型放入模板内，然后才能浇筑混凝土，预制孔间距采用 250 mm×250 mm。

圆形孔模具制作及安装：模具的制作采用直径为 40 mm 和 75 mm 的 PVC（polyvinyl chloride，聚氯乙烯）管道，切成长度为 500 mm 的段，在模板内放线，定出放置管道的位置，然后将管打入 10 cm 土层中，用以固定管道。

混凝土搅拌、运输、浇筑及养护：浇筑及养护参照施工规范要求进行。浇筑完成后进行覆膜保水养护，待混凝土终凝时（从浇筑到终凝时间约为 10 h），取出预制孔模具。然后保养至设计强度等级（养护 28 d）。

选择混凝土板作为试验载体，主要基于以下考虑：①混凝土均匀性好，成孔条件一致，而岩体中难以达到；②混凝土强度高，可保证钻孔不会被膨胀性锚固体撑裂；③混凝土是一种类岩石材料，在力学特性方面与岩石有很大的相似性，其性质可通过调整配比进行控制，以接近岩体的性质。

3.1.2 锚杆加工制作

1. 应变片粘贴

选取直径为 20 mm 的带肋钢筋作为试验用锚杆，将钢筋表面打磨并用酒精擦拭干净，粘贴应变片，用焊锡将应变片引线与导线焊接，涂上封闭胶水，用绝缘胶布包扎后，为保证应变片的粘贴效果，进行应变片电阻测量，保证其为 120Ω，并从灌浆开始时跟踪测量应变片数值，发现应变值呈现稳定状态，这说明膨胀水泥浆在凝固硬化膨胀过程中不会对钢筋产生拉伸等影响。

本试验中，应变片等间距粘贴在锚杆上，锚固长度为 20 cm 时锚杆粘贴四个，分别在距离锚杆底端 4 cm、8 cm、12 cm、16 cm 处粘贴，粘贴后在相应导线上编号。粘贴后图片如图 3.2 所示。

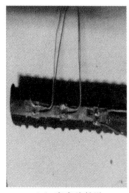  

（a）应变片粘贴　　　　　（b）应变片封固　　　　　（c）导线编号

图 3.2　应变片粘贴封固并编号

2. 锚杆灌浆

本次试验由于在冬季进行锚固灌浆，为使水泥和膨胀剂能较好地进行水化，采用 30℃ 的温水对灰进行水化，所配制的膨胀水泥浆统一采用 0.3 水灰比，其中水灰比中的灰质量分数为膨胀剂与水泥的总量。

由于锚杆灌浆之后黏结剂尚不能发挥作用，为固定锚杆在预留孔中的位置，在钻孔周围用带有中心孔的烧结砖进行固定，固定后定期进行浇水覆膜养护，并待达到一定强度后撤除烧结砖，锚杆固定及养护如图 3.3 所示。

图 3.3　锚杆固定及养护

3.1.3　锚杆现场拉拔试验

锚杆现场拉拔试验选择在锚杆灌浆养护 14 d 之后进行，灌浆日期为 2014 年 12 月 24 日，锚杆拉拔试验在 2015 年 1 月 8 日进行。

本次现场拉拔试验采用基本破坏性拉拔试验，进行单次无循环式拉拔，锚杆拉拔试验表格如表 3.1 所示。荷载等级根据不同的锚固长度采用 10 kN 和 20 kN 两种情况，试验仪器有 SW-200 型锚杆拉拔仪（包含手压泵、液压缸、压力表及高压胶管等部分）、静态应变测试分析仪、自主设计研发的锚杆抗拔试验位移测量简易装置。

表 3.1　锚杆拉拔试验表格

锚杆试验记录				
孔编号		锚固段长度		膨胀剂掺量 /%
试验日期		钻孔直径 /mm		
灌浆日期		钢筋直径 /mm		
荷载等级 /kN	位移 /mm	应变 1	应变 2	应变 3 应变 4
10				
20				

试验图如图 3.4 所示,具体试验步骤如下。

(1)锚杆拉拔仪安装及预压:首先对待拉拔锚杆处的混凝土进行整平并清除浮尘,安装锚杆拉拔仪并进行预压,以使锚垫板充分与混凝土表面进行接触,尽量减少混凝土表面不平整和弹性变形对测试结果产生的影响。

(2)锚杆抗拔试验位移测量装置安装:锚杆抗拔力试验中,抗拔力可以通过与锚杆拉拔仪配套的数显式压力表来准确地读出,然而,对于锚杆在拉拔过程中位移的测量,既没有与锚杆拉拔仪配套的位移测量装置,也没有相关规范给出的试验方法,当前常见的做法是将百分表固定在拉拔仪的穿心千斤顶上,百分表的另一端与千斤顶垫板接触,这种做法存在较大的误差,因为垫板后的岩土在千斤顶的压力下会产生较大的位移,特别是垫板后是较为松软的岩土体时,产生的误差会严重影响试验结果。

因此为保证试验的精度,特设计了一种简易的位移测量装置,该装置的底座固定于与锚杆垂直的地面或岩壁上,与千斤顶和垫板分离,百分表通过连接装置与钢筋相连接,不仅避免了垫板后岩土体位移的影响,也避免了锚具滑移对位移的影响。该装置携带方便,组装快速,测量精度较高。

(3)静态应变测试分析仪的连接:将锚杆上应变片引出的导线连接在静态应变测试分析仪上,并额外连接一个规格相同的应变片,使该应变片处于和静态应变采集仪相同的外部环境中,以减小测试仪因温度等原因带来的误差。

(4)操纵锚杆拉拔仪手动液压泵施加压力。

 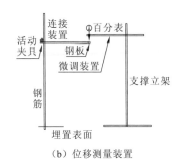 

(a)静态应变测试分析仪　　　　(b)位移测量装置　　　　(c)锚杆抗拔力试验现场

图 3.4　锚杆现场拉拔试验

3.2　锚杆拉拔试验宏观力学参数分析

3.2.1　界面破坏过程分析

本次试验的目的是研究不同膨胀剂掺量对锚杆抗拔力的影响情况,试验所用锚杆为直径 20 mm 的螺纹钢筋,锚固长度分为 10 cm 和 20 cm 两种,所用钻孔直径为 40 mm,膨胀剂掺量分为 0、6%、12%、15%、20%五种情况,通过现场的拉拔试验,得出在不同条件下锚拉拔试验的荷载位移曲线。两种锚固长度下,不同膨胀剂掺量时锚杆抗拔力-

位移曲线图如图 3.5、图 3.6 所示。

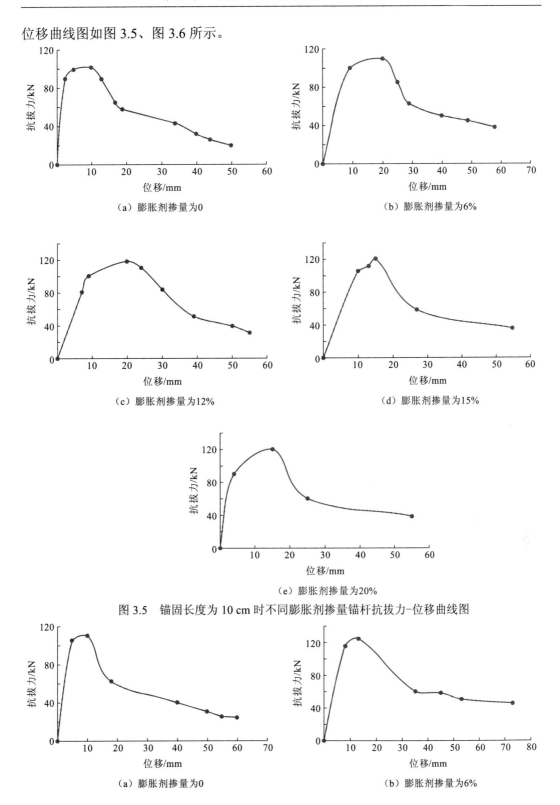

（a）膨胀剂掺量为0

（b）膨胀剂掺量为6%

（c）膨胀剂掺量为12%

（d）膨胀剂掺量为15%

（e）膨胀剂掺量为20%

图 3.5　锚固长度为 10 cm 时不同膨胀剂掺量锚杆抗拔力-位移曲线图

（a）膨胀剂掺量为0

（b）膨胀剂掺量为6%

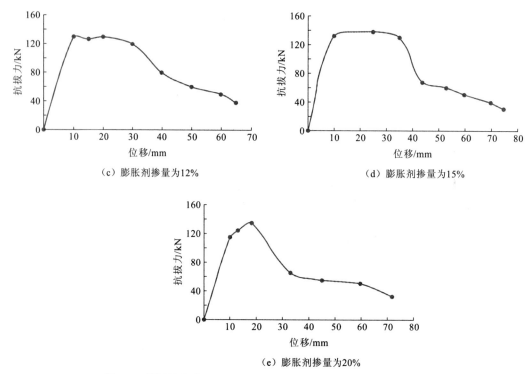

（c）膨胀剂掺量为12%　　　　　　　（d）膨胀剂掺量为15%

（e）膨胀剂掺量为20%

图 3.6　锚固长度为 20 cm 时不同膨胀剂掺量锚杆抗拔力-位移曲线图

1. 锚杆与自膨胀锚固体界面破坏过程分析

图 3.5、图 3.6 为自膨胀锚固体锚杆自加载至破坏的抗拔力与位移之间的曲线图，分析上述抗拔力与位移之间的曲线图，可以得出自膨胀锚固体锚杆的拉拔荷载与位移之间的曲线有几个明显的特征段[82]，如图 3.7 所示。

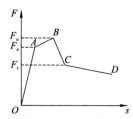

图 3.7　锚杆拉拔荷载与位移变形特征曲线

F 为拉拔荷载；F_u 为极限荷载；F_e 为弹性极限荷载；F_r 为残余荷载；s 为位移

（1）弹性变形阶段[图 3.7 中 OA 段及图 3.8（a）]，当拉拔荷载小于弹性极限荷载 F_e 时，锚杆杆体和锚固段均处于弹性状态，随着拉拔荷载的增加，位移也相应地增加，且位移和拉拔荷载之间呈线性关系，图中位移包含锚杆杆体的弹性变形和锚固体的弹性变形。

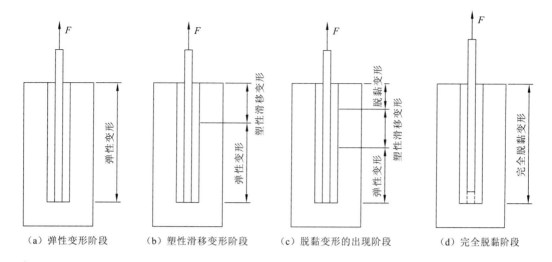

（a）弹性变形阶段　　（b）塑性滑移变形阶段　　（c）脱黏变形的出现阶段　　（d）完全脱黏阶段

图 3.8　锚固段拉拔变形过程

（2）塑性滑移变形阶段[图 3.7 中 AB 段及图 3.8（b）]，随着拉拔荷载的进一步增大，当拉拔荷载在弹性极限荷载 F_e 与极限荷载 F_u 之间时，锚杆杆体和锚固体将产生相对滑移，锚固体界面上端随之产生部分塑性滑移变形，随着拉拔荷载的进一步增大，相对滑移区也会进一步增大，进而导致弹性变形区有所缩短，这一阶段，受相对滑移塑性区的影响，位移会有明显增大，但拉拔荷载增加的幅度有限。

（3）脱黏变形的出现阶段[图 3.7 中 BC 段及图 3.8（c）]，当拉拔荷载达到极限荷载 F_u 之后，随着拉拔试验的继续进行，此时，位移会有较大的增长，而抗拔荷载却迅速下降。这一阶段，由于锚杆杆体和锚固体之间的相对滑移进一步加剧，锚杆杆体和锚固体之间出现相对位移，锚固体前端部分区域对锚杆的黏结力失效，此时脱黏区出现，一旦脱黏区出现，塑性滑移区和弹性变形区将随之向锚固体深部移动，此时的拉拔荷载会随着锚杆传递到锚固体的较深部位，塑性滑移区和弹性变形区会迅速减小并逐渐消失。脱黏阶段最明显的表现为抗拔荷载迅速下降，锚固体对锚杆的作用主要有脱黏段的摩擦作用、滑移段和弹性段的黏结作用。

（4）完全脱黏阶段[图 3.7 中 CD 段及图 3.8（d）]，当脱黏区迅速扩展，塑性滑移区和弹性变形区消失后，锚杆杆体和锚固体之间是完全脱黏状态，此时，锚固体对锚杆的黏结作用完全消失，仅仅是脱黏区的摩擦力对锚杆杆体起作用，这一阶段随着锚杆位移的增大，埋置在锚固体中的长度逐渐缩短，脱黏区对锚杆的摩擦作用也进一步减小，拉拔荷载随着位移的增大而逐渐减小，随着试验的进行，拉拔荷载进一步减小直至为零，此时锚杆从锚固浆体中被拉出。

2. 膨胀剂掺量对锚固段变形过程的影响分析

通过对锚杆锚固体界面破坏过程的分析，可以得出锚固段在拉拔荷载作用下主要有四个变形阶段，即弹性变形阶段、塑性滑移变形阶段、脱黏变形出现阶段、完全脱黏阶段，各段具有不同的作用机理及表现形式。

观察图 3.5、图 3.6 可知，虽然各图均具备锚固体破坏的典型过程，并且各段线性较为明显，但是不同膨胀剂掺量对部分变形段具有较为明显的影响，表 3.2 为不同膨胀剂掺量下锚固体变形分段线性拟合的斜率和截距统计表。

表 3.2　不同膨胀剂掺量下锚固体变形分段线性拟合的斜率和截距统计表

孔径 40 mm		锚固长度 /cm	膨胀剂掺量 /%	锚固长度 /cm	膨胀剂掺量 /%	锚固长度 /cm	膨胀剂掺量 /%	锚固长度 /cm	膨胀剂掺量 /%	锚固长度 /cm	膨胀剂掺量 /%
		10	0	10	6	10	12	10	15	10	20
弹性变形阶段	a	28.040		8.383		9.118		10.413		22.023	
	b	21.356		17.778		8.073		9.268		28.953	
塑性滑移变形阶段	a	-1.785		-0.958		-0.371		1.816		1.875	
	b	112.490		123.400		106.630		93.344		98.437	
脱黏变形出现阶段	a	-1.208		-1.818		-4.259		-4.045		-4.453	
	b	83.167		125.610		211.480		181.090		192.560	
完全脱黏阶段	a	-1.429		-1.142		-1.371		-0.718		-1.019	
	b	91.164		100.730		106.070		71.562		93.903	
孔径 40 mm		锚固长度 /cm	膨胀剂掺量 /%	锚固长度 /cm	膨胀剂掺量 /%	锚固长度 /cm	膨胀剂掺量 /%	锚固长度 /cm	膨胀剂掺量 /%	锚固长度 /cm	膨胀剂掺量 /%
		20	0	20	6	20	12	20	15	20	20
弹性变形阶段	a	19.944		12.811		14.388		14.055		11.478	
	b	33.850		35.872		-0.962		-0.180		2.729	
塑性滑移变形阶段	a	-1.260		-0.762		0.264		0.245		1.075	
	b	117.010		131.820		128.030		131.560		111.620	
脱黏变形出现阶段	a	-2.019		-1.915		-2.438		-3.690		-2.436	
	b	112.300		148.270		192.830		252.250		169.750	
完全脱黏阶段	a	-0.895		-0.234		-1.887		-1.548		-1.184	
	b	78.592		62.033		165.460		147.730		117.660	

注：a 为斜率，b 为截距

分析表 3.2 及图 3.9 可以得出：

（1）不同膨胀剂掺量下，弹性变形阶段的斜率具有较大的波动性，说明膨胀剂掺量对弹性段斜率没用显著影响或是影响规律无法从上述统计分析数据中得出，尚需做进一步的研究。

（2）随着膨胀剂掺量的增大，塑性滑移变形阶段斜率均呈现出增大的趋势，即膨胀剂掺量增大，锚杆抗拔力随之增加，并且抗拔力增加的速率变快，且由不添加时的负值 -1.785，增大到 20%时的 1.875，斜率增量达到 3.66，这说明在单位长度滑移量的情况下，大膨胀率水泥浆锚固体将产生更大的锚固力，即大膨胀率水泥浆锚固体在破坏之前，对锚杆具有更大的限制作用。

（3）当锚固体脱黏出现阶段出现后，即当锚固体出现破坏后，随着膨胀剂掺量的增加，脱黏出现段斜率均为负值，且呈现出绝对值增大的趋势，即在脱黏出现阶段和发展阶段，膨胀剂掺量越大，锚固体抗拔力减小的速率越快，最大降幅达到 268%，最大降速是不含膨胀剂时的 2.68 倍。这说明，一旦大膨胀率水泥浆锚固体破坏，其抗拔力将会迅速下降，即大膨胀率水泥浆锚杆破坏更加迅速，材料呈现出较大的脆性。

（4）比较不同锚固长度滑移段和脱黏出现段的斜率，分析得出，在相同膨胀剂掺量下，锚固长度为 10 cm 时，随着膨胀剂掺量的增加，滑移段斜率和脱黏出现段的斜率的绝对值差异越来越明显，即当膨胀剂掺量大于 6%之后锚固长度为 10 cm 的斜率绝对值均大于锚固长度为 20 cm 的，说明锚固体出现破坏后，锚固长度越大，锚杆抗拔力减小速率越慢，对锚杆安全越有利。

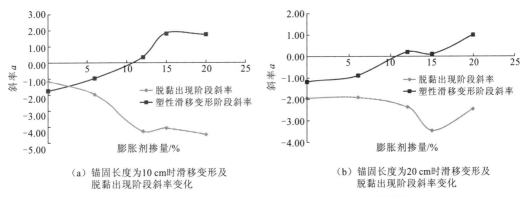

（a）锚固长度为 10 cm 时滑移变形及
脱黏出现阶段斜率变化

（b）锚固长度为 20 cm 时滑移变形及
脱黏出现阶段斜率变化

图 3.9　不同锚固长度滑移变形及脱黏出现阶段斜率变化情况

3.2.2　极限抗拔力数据分析

1. 极限抗拔力与膨胀剂掺量关系

图 3.5、图 3.6 列出了不同膨胀剂掺量、不同锚固长度条件下，抗拔力和钢筋顶端位移之间的关系曲线，根据曲线和界面破坏特征，分析锚杆极限抗拔力与膨胀剂掺量之间的关系，如表 3.3 所示。

表3.3 不同锚固长度时，不同膨胀剂掺量极限抗拔力表

锚固长度/cm	膨胀剂掺量/%	极限抗拔力/kN	极限抗拔力增量/kN	极限抗拔力增量百分比/%
	0	103.000	0.000	0.000
	6	114.000	11.000	10.680
10	12	121.000	18.000	17.476
	15	127.300	24.300	23.592
	20	124.000	21.000	20.388
	0	115.500	0.000	0.000
	6	127.000	11.500	9.957
20	12	133.000	17.500	15.152
	15	143.000	27.500	23.810
	20	138.000	22.500	19.481

根据图3.10及表3.3可以看出如下结论。

（1）在锚固长度为10cm的情况下，极限抗拔力随膨胀剂掺量的增大而增大，与不添加膨胀剂的水泥浆相比，在膨胀剂掺量为6%和12%时，极限抗拔力增长百分比为10.680%和17.476%，在膨胀剂掺量为15%时极限抗拔力达到最大值127.300kN，增量为24.300kN，增长率已经达到了23.592%，增长量接近无膨胀水泥浆锚杆抗拔力的四分之一，增长幅度非常明显。在膨胀剂掺量为20%时，极限抗拔力比15%时略有减小。

（2）在锚固长度为20cm的情况下，极限抗拔力随膨胀剂掺量的增大而增大，与不添加膨胀剂的水泥浆相比，在膨胀剂掺量为6%和12%时，极限抗拔力增长百分比为9.957%和15.152%，在膨胀剂掺量为15%时极限抗拔力达到最大值143.000kN，增长率已经达到了23.810%，增长量接近无膨胀水泥浆锚杆抗拔力的四分之一，增长幅度明显。同时可以看出在膨胀剂掺量为20%时，极限抗拔力比15%时略有减小。这与锚固长度为10cm时的曲线较为一致。

（3）从试验现象分析，在膨胀剂掺量为15%及以下时，锚杆灌浆孔表面基本不会出现表面隆起现象，而在膨胀剂掺量为20%时，锚杆灌浆孔表面有较为明显的隆起，这说明在膨胀剂掺量为15%以下时，膨胀率适中，在强度较高的围岩作用下，对浆体内部有很好的限制作用，而在临空面的大膨胀率水泥浆首先与大气接触，凝结速度较快，表面很小一段的膨胀量极其有限，因此大膨胀率水泥浆内部致密，膨胀力发展稳定。这种情况对锚杆抗拔力的增长起到了两方面的积极影响：一是大膨胀率水泥浆克服了水泥浆干缩带来的负面影响，较大的膨胀率在围岩的限制作用下，使锚固剂与周围围岩和钢筋有更好的贴合性，对围岩和钢筋的应力有很好的提高作用，也对自身的密实度有很大程度的提高；二是围岩对大膨胀率水泥浆膨胀的限制会对钢筋和围岩产生较大的径向应力，内部锚固体和钢筋会受到三向压力的作用，在拉拔作用下，三向受压的状态在一定程度上提高了锚固体自身的力学性能和对钢筋的摩阻力 。因此在一定膨胀率下，随着膨胀剂

掺量的提高，这两方面对抗拔力的积极影响就会更明显，抗拔力也会相应地提高，这与试验曲线较为吻合。

（4）在膨胀剂掺量为 20% 时，围岩对浆体内部有较好的限制作用，内部强度发展较好。但是在临空面，大膨胀率水泥浆达到了一定的临界状态，致使表面产生较为明显的隆起，进而影响到临空面以下一定距离内部的致密程度，这可能导致临空面以下一段锚固浆体效能降低或失效。这就很好地解释了曲线在膨胀剂掺量为 20% 时略有下降的现象，但即使下降，对极限抗拔力的提高也是较为明显的。倘若能采取一定的措施和技术，有效控制孔口临空面大膨胀率水泥浆的隆起，则掺量 20% 时的极限抗拔力会进一步提升。

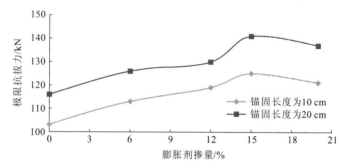

图 3.10　极限抗拔力随膨胀剂掺量变化规律

2. 临空面对极限抗拔力的影响分析

从极限抗拔力随膨胀剂掺量的变化曲线（图 3.10）中可以看出，在膨胀剂掺量为 20% 时极限抗拔力比掺量为 15% 时极限抗拔力下降了 3 kN，其原因为在临空面处产生较为明显的隆起，导致临空面以下一段锚固浆体效能降低或失效。

膨胀性水泥浆锚固体与常规水泥浆锚固体具有显著的不同，其自身的膨胀性需要尽可能完全限制才能有效地发挥出增长抗拔力的作用，而钻孔孔口处临空面的存在，使对其膨胀性的限制作用大大降低，因此，临空面的存在与否，对锚杆极限抗拔力具有重要的影响。

为比较在掺加膨胀剂情况下临空面对锚杆抗拔力的影响情况，进行膨胀剂掺量为 15% 时锚固段在无临空面（临空面以下 20 cm 深度）和锚固段在有无临空面两种情况下的抗拔力试验，抗拔力试验结果如表 3.4 和图 3.11 所示。

表 3.4　有无临空面下极限抗拔力统计表

锚固长度 8 cm	有临空面	无临空面	减少量	减少百分比/%
极限抗拔力/kN	101.6	89	12.6	12.4
弹性极限抗拔力/kN	96	86	10	10.4

表 3.4 和图 3.11 的试验结果表明，锚固段在有临空面时，其极限抗拔力比在无临空面时减少了 12.6 kN，减少幅度为 12.4%，弹性极限抗拔力减少了 10 kN，减少幅度为 10.4%。试验数据表明，临空面的存在，对抗拔力的减小幅度达到 10% 左右。因此，在

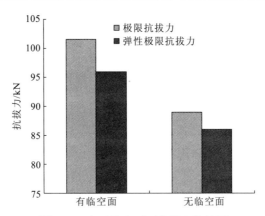

图 3.11　有无临空面下抗拔力统计图

膨胀性水泥浆锚杆中，对临空面采取一定的措施和技术，有效控制孔口临空面大膨胀率水泥浆的膨胀，是非常有必要的。

事实上，实际工程中，对临空面的限制采取了很多措施，全长黏结型锚杆在孔口处有承压板和锚具，预应力锚杆锚固段端部的止浆塞以及自由段的充浆对锚杆锚固段均具有较好的限制作用，因此，无临空面的试验结果与实际工程更为接近。同时，使用膨胀性水泥浆时，除以上措施外，还应采用更为严格的限制膨胀措施。例如，在锚固段顶端一段距离用水泥浆代替膨胀性水泥浆；在预应力锚杆中，在锚固段中间和端部的锚杆杆体上设计一种螺帽，使其外径等同于锚固体直径，内径能有效地丝扣在锚杆杆体上[83]，则大膨胀率水泥浆锚固体的膨胀作用会被有效地限制，并能有效地防止端部滑移破坏。

3.2.3　弹性抗拔力和残余抗拔力数据分析

锚固长度为 10 cm 和 20 cm 时，不同膨胀剂掺量弹性极限抗拔力表如表 3.5 所示。锚固长度为 10 cm 和 20 cm 时，不同膨胀剂掺量残余抗拔力表如表 3.6 所示。弹性极限抗拔力随膨胀剂掺量变化规律如图 3.12 所示，残余抗拔力随膨胀剂掺量变化规律如图 3.13 所示。

表 3.5　不同膨胀剂掺量弹性极限抗拔力表

锚固长度/cm	膨胀剂掺量/%	弹性极限抗拔力/kN	弹性极限抗拔力增量/kN	弹性极限抗拔力增量百分比/%
	0	92.7	0	0
	6	100	7.30	7.87
10	12	104	11.30	12.19
	15	110	17.30	18.66
	20	105	12.30	13.27
	0	99	0	0
	6	106.1	7.10	7.17
20	12	117	18.00	18.18
	15	120	21.00	21.21
	20	115	16.00	16.16

表 3.6　不同膨胀剂掺量残余抗拔力表

锚固长度/cm	膨胀剂掺量/%	残余抗拔力/kN	残余抗拔力增量/kN	残余抗拔力增量百分比/%
	0	56.00	0	0
	6	56.30	0.30	0.54
10	12	59.21	3.21	5.73
	15	57.62	1.62	2.89
	20	59.60	3.60	6.43
	0	62.20	0	0
	6	60.59	−1.61	−2.59
20	12	64.00	1.80	2.89
	15	65.00	2.80	4.50
	20	63.07	0.87	1.40

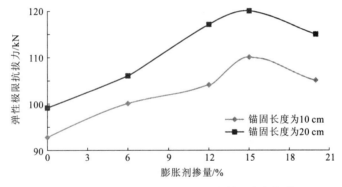

图 3.12　弹性极限抗拔力随膨胀剂掺量变化规律

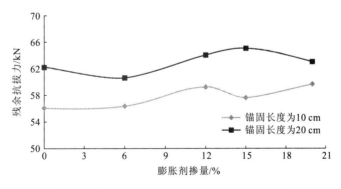

图 3.13　残余抗拔力随膨胀剂掺量变化规律

从表 3.5 和图 3.12 中可以看出，锚固长度为 10 cm 和 20 cm 时的曲线形态具有较好的一致性，弹性极限抗拔力的曲线与极限抗拔力分布曲线规律相似，其原因与极限抗拔力曲线分布规律的原因分析相同。但是，从表 3.6 及图 3.13 看出，残余抗拔力随着膨胀剂掺量的不同, 曲线变化较为平缓, 在锚固长度相同时, 最大值与最小值最大相差在 5 kN 以内, 说明残余强度随着膨胀剂掺量的变化, 呈现出较小的变化幅度, 主要是因为锚杆锚固体界面在完全脱黏阶段以后, 锚杆与锚固体之间有相当大的相对位移, 锚固体整个界面和内部已经有相当严重的破碎、松散, 膨胀力也会随之释放, 所以大膨胀率水泥浆锚固体对钢筋的摩阻力与非大膨胀率水泥浆锚固体相近, 残余抗拔力仅仅与有效的摩阻长度相关。

3.3 本章小结

本章通过不同膨胀剂掺量下的自膨胀锚固抗拔力试验, 对自膨胀锚固体宏观力学参数（包括极限抗拔力、弹性极限抗拔力及残余抗拔力）、界面应力分布特征的试验数据进行分析, 对试验数据和实测数据进行对比分析, 得到如下结论:

（1）自膨胀锚固体锚杆自加载至破坏的荷载与位移之间的曲线与普通锚杆位移曲线形式上基本相同, 均有四个特征段, 即弹性变形阶段、塑性滑移变形阶、脱黏变形出现阶段、完全脱黏阶段, 且各段具有明显的特征。

（2）随着膨胀剂掺量的增大, 塑性滑移段斜率均呈现出增大的趋势, 即在单位长度滑移量的情况下, 自膨胀锚固体将提供更大的锚固力; 锚固体抗拔力减小的速率快, 最大降幅达到 268%, 最大降速是不含膨胀剂时的 2.68 倍, 大膨胀率水泥浆锚杆, 破坏更加迅速, 破坏后的危险程度更大, 材料呈现出较大的脆性。

（3）极限抗拔力和弹性极限抗拔力随着膨胀剂掺量的增大而增大, 在膨胀剂掺量为 15% 时达到最大值, 在膨胀剂掺量为 20% 时略有减小。主要原因是自膨胀锚固体在自膨胀压力作用下, 提高了围岩和钢筋的黏结应力和自身的密实度; 同时锚固体和钢筋会受到三向压力的作用, 在拉拔作用下, 三向受压的状态在一定程度上提高了锚固体自身的力学性能和对钢筋的摩阻力 。

（4）残余强度随着膨胀剂掺量的变化极其微小, 基本维持在 60 kN 左右, 最大变化幅度仅为 4.5%。原因是锚杆锚固体界面在完全脱黏阶段以后, 锚固体整个界面和内部已经有相当严重的破碎、松散, 膨胀力也会随之释放, 自膨胀锚固体对钢筋的摩阻力与普通锚固体相近。

第 *4* 章

岩石高强预压锚固试验

4.1　不同风化程度砂岩锚固拉拔试验

4.1.1　强风化砂岩拉拔试验

基于第 3 章的研究,作者认为大掺量膨胀水泥浆作为锚固体能大幅提高锚杆抗拔力。同时,膨胀水泥浆的流动性、初终凝时间较普通水泥净浆都更有利于工程需要。因此,大掺量膨胀剂在真实岩体环境中的应用效果是亟待研究的问题。

1. 试验准备

试验场地:选取宜昌市大学路南苑强风化砂岩质边坡开展试验,坡角近似为 90°,如图 4.1 所示。

图 4.1　所选强风化砂岩质边坡

试验钻孔:采用手提式水钻机人工钻孔,孔口距地面高度为 40 cm,孔径为 75 mm,孔深为(60±3)cm。钻孔沿孔深方向与地面近似呈 15° 斜向下打入岩体,孔间距不小于 80 cm,共计钻孔 10 个。钻孔完成后将岩心取出,用干燥海绵将孔中泥浆吸出,清理干净,如图 4.2 所示。

(a)手提式水钻机　　　　　(b)人工钻孔　　　　　(c)孔洞

图 4.2　岩体钻孔

锚杆准备：试验选用锚杆为 $\phi28$ mm 的三级螺纹钢，锚固长度为 1 m，一端铣槽 40 cm，槽深 1.5 mm，宽 1 cm。在杆体等间距焊接三角支架[图 4.3（a）]，保证锚杆在钻孔中保持中心位置。在槽内等间距粘贴应变片[图 4.3（b）]，共计 5 个。粘贴完成后使用万用表测试应变片电阻，保证其在粘贴过程中未被损坏，测试完成后使用 704 防水绝缘胶进行封闭处理[图 4.3（c）]。

（a）三角支架　　　　（b）应变片粘贴　　　　（c）封闭处理　　　　（d）锚杆灌浆完成

图 4.3　应变片粘贴及锚杆支架

灌浆：膨胀剂掺量分别为 0、6%、8%、10%、15%，每种掺量设置 2 组平行对照试验，按照锚固长度 30 cm 对 10 个钻孔计算称重，为便于现场灌浆，水灰比选取 0.5 配置浆液。注浆选用手动式注浆器，注浆过程中使用细铁棒振捣，保证浆体密实。锚固段注浆完成后，在钻孔中用普通水泥净浆灌注 3 cm 厚的封口段，对膨胀水泥浆竖向约束。

养护：灌浆完成后，自然状态下养护 14 d，如图 4.3（d）所示。

2. 锚杆拉拔试验分析

拉拔试验采用与 3.2 节中相同的方法，此处不再赘述，试验过程及部分现象如图 4.4、图 4.5 所示。根据拉拔试验所得的抗拔力与锚杆位移绘制不同膨胀剂掺量下的抗拔力-位移曲线，如图 4.6 所示。

（a）试验器材准备　　　　（b）百分表的固定　　　　（c）锚固体破坏

图 4.4　现场拉拔试验

不同膨胀剂掺量下荷载位移曲线并无规律可言，这主要是由于所选边坡风化较为严重，千斤顶在施加抗拔力时，岩体表面受压变形较为严重，百分表所测位移误差较大。

将不同膨胀剂掺量下的抗拔力峰值作为极限抗拔力，绘制极限抗拔力随膨胀剂掺量的变化曲线，如图 4.7 所示。

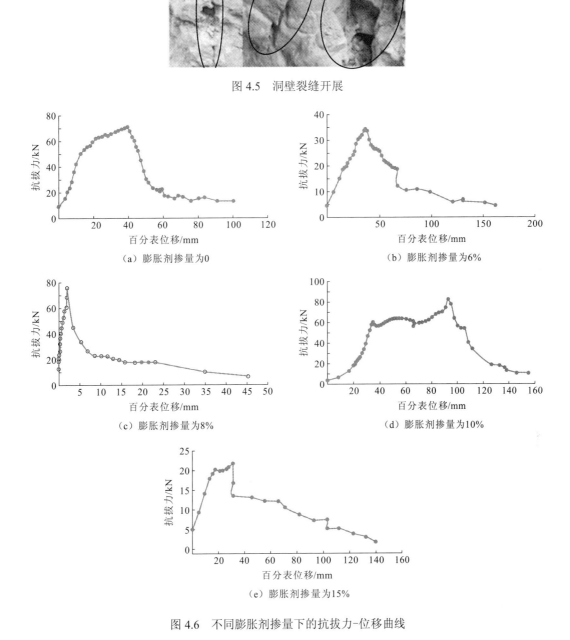

图 4.5 洞壁裂缝开展

（a）膨胀剂掺量为0

（b）膨胀剂掺量为6%

（c）膨胀剂掺量为8%

（d）膨胀剂掺量为10%

（e）膨胀剂掺量为15%

图 4.6 不同膨胀剂掺量下的抗拔力-位移曲线

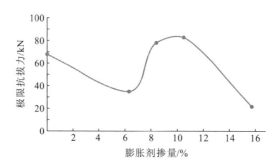

图 4.7　极限抗拔力随膨胀剂掺量变化规律

极限抗拔力并没有像预想的那样随膨胀剂掺量的增加而提高，反而膨胀剂掺量为 6%、15%时较不添加膨胀剂而言，抗拔力都有不同程度的降低。这主要是由于：①钻孔较浅，锚固段处于风化严重区域，钻孔围岩间强度离散性较大，对锚固体约束能力不一；②裂隙较为发育，膨胀水泥浆在膨胀压力作用下会沿裂隙扩散，甚至增大裂隙发育，这使围岩自身发生破坏，同时锚固体约束不足，甚至出现散体，锚杆从锚固体中拔出，膨胀剂掺量为 15%时对应的抗拔力仅有 21 kN 属于此种情况；③拉拔过程中，千斤顶对表层岩体施加较大压力，导致岩体被压碎，从而抗拔力降低。

根据测得的锚杆上各点的应变值计算出相应点的轴力、剪应力。得到膨胀剂掺量为 0 和 10%时对应的锚杆轴力与剪应力沿锚固长度分布的曲线，如图 4.8、图 4.9 所示。

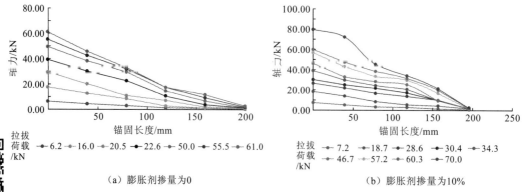

（a）膨胀剂掺量为0

（b）膨胀剂掺量为10%

图 4.8　膨胀剂掺量为 0 和 10%时的轴力分布

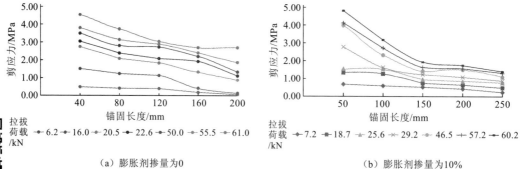

（a）膨胀剂掺量为0

（b）膨胀剂掺量为10%

图 4.9　膨胀剂掺量为 0 和 10%时的剪应力分布

膨胀剂掺量为 0 时对应的轴力分布较为均匀，呈从孔口向孔底逐渐降低的趋势，膨胀剂掺量为 10%时轴力在荷载较大时呈陡降趋势，如图 4.8 所示。在剪应力方面，膨胀剂掺量为 0 时对应的剪应力分布较为平缓，而膨胀剂掺量为 10%时对应的剪应力在孔口处出现陡降，即锚杆前端承载较大。这可能是因为锚固体对锚杆产生界面正应力，使杆体传力受到影响，如图 4.9 所示。

4.1.2　中风化砂岩拉拔试验

通过对 4.1.1 小节中的试验进行总结分析，找到了大掺量膨胀水泥浆应用于锚固技术的一项关键技术问题。膨胀水泥浆锚固体膨胀会增加与围岩的界面摩擦力，也会提高锚固体与锚杆间的握裹力，但膨胀剂掺量过高会使围岩产生拉裂破坏，抗拔力不增反降，同时对工程岩体产生破坏。

因此，膨胀水泥浆应用存在两个必要条件：①围岩封闭。若围岩有裂隙存在，会导致锚固体膨胀压力大幅降低，甚至出现散体；②围岩需保持弹性变形阶段，即膨胀水泥浆周边围岩不能开裂，则满足 $\sigma \leqslant \sigma_1 + \sigma_t$（$\sigma$ 为界面正应力，σ_1 为围岩最小压应力，σ_t 为围岩体抗拉强度），如图 4.10 所示。

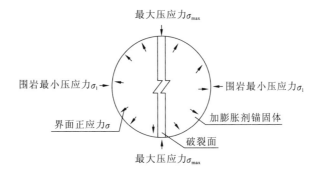

图 4.10　围岩受力及开裂条件

1. 试验准备

试验场地选择在宜昌市长江路人工开挖新出露的中风化砂岩质边坡，坡角近似为 90°，使用水钻机钻孔，孔深为 1 m（±3 cm），孔径为 90 mm，钻孔沿孔深方向与地面近似呈 15° 斜向下打入岩体，孔间距不小于 80 cm，共计钻孔 6 个。钻孔完成后将岩心取出，用干燥海绵将孔中泥浆吸出，清理干净。将取出的岩心按对应钻孔进行编号，并从现场取回。操作过程如图 4.11 所示。

其他相关试验准备工作与 4.1.1 小节中方法步骤基本一致，此节不再赘述。

需要补充说明的是，6 个钻孔中膨胀剂掺量分别为 0、10%、15%、20%、25%、30%，锚固长度为 40 cm。锚杆锚固段上贴有压力传感器，可监测锚固体内膨胀压力变化情况。灌浆完成后 3 h、24 h 及拉拔试验前分别测量膨胀压力。

自然条件下养护 20 d，开展拉拔试验。

（a）所选边坡　　　　　　（b）钻孔　　　　　　　（c）岩心

（d）测量仪器安装　　　　　（e）锚杆拔出后的锚孔

图 4.11　拉拔试验现场图片

2. 锚杆拉拔试验分析

根据拉拔试验获得不同膨胀剂掺量对应的极限抗拔力曲线，如图 4.12 所示。

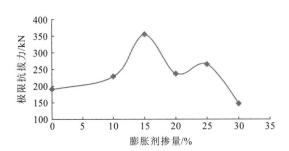

图 4.12　极限抗拔力随膨胀剂掺量变化规律

不同膨胀剂掺量对应的极限抗拔力较 4.1.1 小节中相同掺量增幅巨大，主要原因有三点：

（1）钻孔深度由 60 cm 变为 100 cm，更深的钻孔意味着围岩更不易变形，对锚固体的约束能力更强。

（2）锚固长度由 30 cm 增加到 40 cm。

（3）最为重要的是，与 4.1.1 小节比较，岩性更好，不易破坏。同时，可以注意到不同膨胀剂掺量对应的极限抗拔力较水泥净浆（膨胀剂掺量为 0）均有一定程度的提高，其中 15%膨胀剂掺量增幅最大，极限抗拔力为 0 膨胀剂掺量的 1.87 倍。但 20%、25%、30%膨胀剂掺量较 15%膨胀剂掺量极限抗拔力均有下降，结合相关测试进行解释说明。

不同膨胀剂掺量下锚杆轴力随锚固长度变化规律大致相同，轴力向锚固段深处传递较少，主要集中在锚固前端的 80 mm 范围内，如图 4.13 所示。

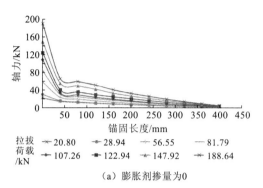

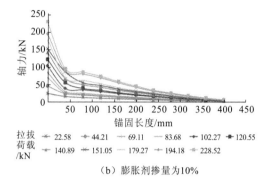

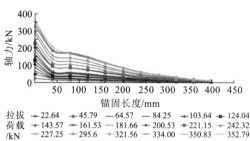

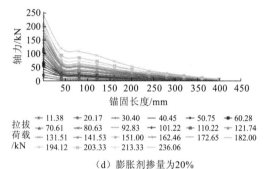

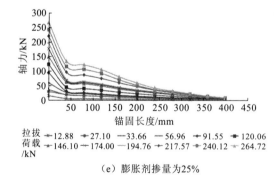

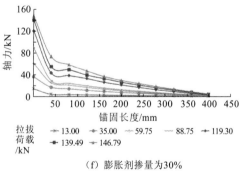

图 4.13　不同膨胀剂掺量下的轴力分布

在较小拉拔荷载下，剪应力分布曲线的峰值在锚固体前端；随着荷载的增加，锚固体前端及内部剪应力逐渐增大，当荷载增加到一定程度时，初始端的剪应力开始下降，剪应力峰值向锚杆深处转移，如图 4.14 所示。

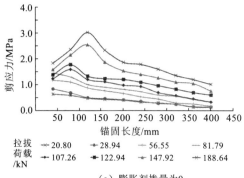

拉拔荷载/kN
— 20.80　— 28.94　— 56.55　— 81.79
— 107.26　— 122.94　— 147.92　— 188.64

（a）膨胀剂掺量为0

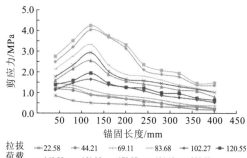

拉拔荷载/kN
— 22.58　— 44.21　— 69.11　— 83.68　— 102.27　— 120.55
— 140.89　— 151.05　— 179.27　— 194.18　— 228.52

（b）膨胀剂掺量为10%

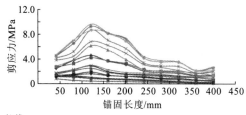

拉拔荷载/kN
— 22.64　— 45.79　— 64.57　— 84.25　— 103.64　— 124.04
— 143.57　— 161.53　— 181.66　— 200.53　— 221.15　— 242.32
— 277.25　— 295.60　— 321.56　— 334.00　— 350.83　— 352.79

（c）膨胀剂掺量为15%

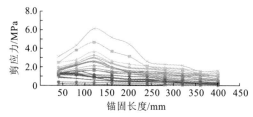

拉拔荷载/kN
— 11.38　— 20.17　— 30.4　— 40.45　— 50.75　— 60.28
— 70.61　— 80.63　— 92.83　— 101.22　— 110.22　— 121.74
— 131.51　— 141.53　— 151.00　— 162.46　— 172.65　— 182.00
— 194.12　— 203.33　— 213.33　— 236.06

（d）膨胀剂掺量为20%

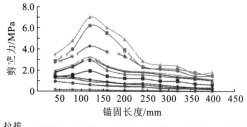

拉拔荷载/kN
— 12.88　— 27.10　— 33.66　— 56.96　— 91.55　— 120.06
— 146.10　— 174.00　— 194.76　— 217.57　— 240.12　— 264.72

（e）膨胀剂掺量为25%

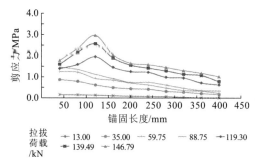

拉拔荷载/kN
— 13.00　— 35.00　— 59.75　— 88.75　— 119.30
— 139.49　— 146.79

（f）膨胀剂掺量为30%

图4.14　不同膨胀剂掺量下的剪应力分布

不同膨胀剂掺量对应的钻孔内锚固体的膨胀压力测试结果如图4.15所示。

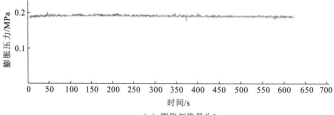

（a）膨胀剂掺量为0

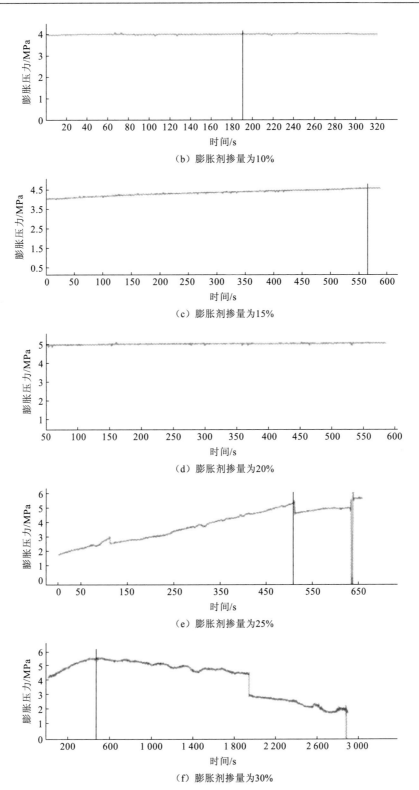

（b）膨胀剂掺量为10%

（c）膨胀剂掺量为15%

（d）膨胀剂掺量为20%

（e）膨胀剂掺量为25%

（f）膨胀剂掺量为30%

图 4.15 不同膨胀剂掺量对应的钻孔内锚固体的膨胀压力测试结果

膨胀剂掺量为 0～20%时对应的膨胀压力较为平稳，基本不变。25%膨胀剂掺量对应膨胀压力有一定程度降低，最终稳定在 5.099 MPa。30%膨胀剂掺量对应的膨胀压力降幅较大，最终稳定在 1.765 MPa。膨胀压力测试结果与极限抗拔力结果较为一致，10%～25%膨胀剂掺量较不掺加膨胀剂而言均有不同程度提高，30%膨胀剂掺量由于膨胀压力降低，极限抗拔力较 10%～25%膨胀剂掺量而言较小。结合抗拉强度测试结果能更好地进行解释说明。

3. 室内劈裂试验

不使围岩开裂的临界条件中围岩的抗拉强度是一项重要的参数指标，准确获取工程岩体的抗拉强度对膨胀剂掺量的确定具有十分重要的意义。将现场取回的岩心切割成高度为 3 cm、直径为 5 cm 的圆柱形试样，保证每个钻孔所取岩心制备 3 个试样，共计 6 组 18 个岩样。开展室内劈裂试验，用所取岩心的抗拉强度表征钻孔围岩抗拉强度。

前期劈裂试验发现，巴西劈裂试验存在较大试验误差，其试验假设与格里菲斯（Griffith）强度理论并不相符，所得抗拉强度并不精确。因此，采用作者已申请完成的发明专利"一种基于同步化方法测量岩样抗拉强度的方法"（发明专利号：201510153407.2）开展试验，获取抗拉强度。

现以一次劈裂试验为例，具体方法步骤如下。

（1）安放岩样：选取一个圆柱形岩样后，为使结果尽量准确，应先将两端磨平，使圆柱形岩样两端平整，侧面光滑无凸起；将制作好的岩样安置在 RMT-150C 伺服试验机上，准备就绪。

（2）架设高清摄像机：使用一台帧数大于 25FPS 的高清摄像机，配备一个可调节高度的支架，将高清摄像机架设在距离岩样适当的位置，调整高清摄像机的镜头焦点，将镜头焦点调整到与试样中点水平，使岩样能够清晰地在镜头中呈现；在试样周围不影响拍摄的合适位置布置打光，使图像效果更好。

（3）开始试验及录像：打开高清摄像机开始拍摄（试验全过程中摄像机不再做任何调整变化，结束后立即停止拍摄），同时迅速操作伺服试验机开始进行巴西劈裂试验，试验结束后停止拍摄（为保证试验全过程都能用摄像机完整记录，应使录制时间与仪器开始时间的间隔尽量小）。

（4）寻找试验数据中垂直变形突变点对应时刻：将伺服试验机中记录的原始数据导出到计算机中，观察分析数据，找到岩样垂直变形突变点对应的时刻 T_1 为 59 014 ms（59.014 s），根据此时刻得出岩样的垂直变形值 D_1=0.320 mm，认为这一时刻前后较短时间范围内为试样破坏点。

（5）录像截图：将高清摄像机拍摄的影像导入计算机中，使用 Corel VideoStudio 视频制作软件进行处理，将所拍摄的影像第一秒的第一帧图像进行截取，并将其作为对照标准，如图 4.16（a）所示；继续播放影像，截取首次出现肉眼可见宏观裂缝前一时刻 60.06 s 的图像，如图 4.16（b）所示，然后截取此时刻前后各 5 帧图像，开裂时刻如图 4.16（c）所示，每帧图像的截取间隔为 40 ms，共计截取 12 张图片。

  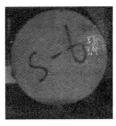 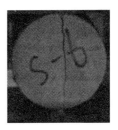

（a）初始岩样（40 ms）　（b）开裂前40 ms（60.06 s）　（c）开裂（60.10 s）　（d）全部开裂（60.663 s）

图 4.16　岩样开裂过程

（6）缩放调整录像截图：打开计算机中的 AutoCAD 软件，在 AutoCAD 软件中画一条水平直线，将截取的 12 张图片沿着一条水平直线按照时间顺序依次插入 AutoCAD 中，将 12 张图片的下边界线与直线重合，使 12 张图片在同一水平高度上；并使用缩放软件参照真实岩样尺寸将图像中岩样的尺寸调整为其真实尺寸。

（7）数据图像同步化：在截图中根据垂直变形值 $D_1=0.320$ mm 找到垂直变形突变点时刻所对应的图像，从而实现使用伺服试验机进行试验的整个过程与高清摄像机拍摄的整个过程的时间对接，实现数据图像同步化。具体试验操作如下。

第一，以岩样上方垫条与岩样的切点为起始点，作一条垂直向下的直线 L（长度为 6 mm），直线 L 的长度为岩样行程极限的 2 倍，将直线 L 平移至作为参考的第一帧图片的左侧空白处。

第二，从第 2 张图片开始依次对剩余 11 张图片做以下操作。

其一，作一条与岩样上方垫条下部相切的水平直线 M，将水平直线 M 向左侧延长并与直线 L 相交，量出直线 L 上方起点到直线 L 与直线 M 交点之间的距离 D，按上述操作剩余的 11 张图片，每一张图片都得到一个距离值 D，此距离即表示试样的垂直变形。

其二，将每张图片的距离值 D 与步骤（4）中得到的原始数据中突变点对应的岩样的垂直变形值 D_1 进行对照，找到与 D_1 相等的距离值 $d=0.323$ mm（精确到 0.01 mm 即可认为相等）的图像，如图 4.16（d）所示，此时，该张截取图像中距离值 d 对应的时刻 $T_2=60.663$ s，与步骤（4）中所得原始数据中突变点对应的突变时刻 $T_1=59.014$ s 对应试验过程中的同一时刻。

其三，为确保时刻对应的准确性，在 AutoCAD 中测量 T_2 时刻图片中横向位移计之间的水平距离 $S=50.167$ mm，用同样方法测量第一帧图片中横向位移计之间的水平距离 $h=50.063$ mm，作差 $C=S-h=0.104$ mm，并将 C 与步骤（4）中所得原始数据中突变点对应的突变时刻 T_1 对应的横向变形 $c=0.096$ mm 作比较，若 $C=c$（精确到 0.01 mm 即可认为相等），证明确实实现了对接，若 C 与 c 不相等，则需重复步骤（7），对于原始数据中任意时刻 t，找出它所对应的图像，只需在录像中截取 $t+(T_2-T_1)$ 时刻的图像即可。

（8）计算抗拉强度：数据图片同步化后，找到裂缝首次出现肉眼可见宏观裂缝的前一时刻的图像，在试验数据中找到对应此时刻的垂直荷载，将其作为峰值 P，将首次裂缝长度作为 D，则

$$\sigma_0 = \frac{2P}{\pi D_2 L} \qquad (4.1)$$

式中：σ_0 为岩石抗拉强度；P 为峰值；L 为岩石试样长度；D_2 为岩石试样直径。

计算岩石试样的抗拉强度为 6.44 MPa。

应用上述方法，对 18 个岩样进行劈裂试验，每组 3 个平行试验，取平均值，得到 6 组岩心对应的抗拉强度，如图 4.17 所示。

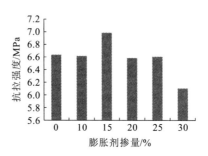

图 4.17　不同膨胀剂掺量对应的围岩抗拉强度

可以看出，膨胀剂掺量为 15% 的钻孔对应的抗拉强度最大，为 6.98 MPa，膨胀剂掺量为 30% 的钻孔抗拉强度最小，为 6.10 MPa，但总体说来差别不大。

将锚杆极限抗拔力、钻孔岩心抗拉强度、锚固体膨胀应力与膨胀剂掺量的关系绘制于一张图，如图 4.18 所示。

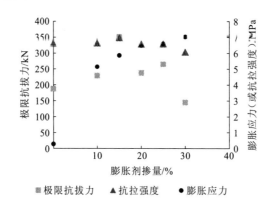

图 4.18　极限抗拔力、抗拉强度、膨胀应力对比图

对不同膨胀剂掺量的极限抗拔力测试结果进行解释说明。膨胀剂掺量为 10% 时对应的抗拔力为 228 kN，较膨胀剂掺量为 0 时提高了 21%，原因是锚固体产生的膨胀应力提高了其与围岩间的界面摩阻力，同时与锚杆之间的握裹力也相应增加，由于膨胀应力小于围岩抗拉强度，围岩未发生破坏。膨胀剂掺量为 15% 时对应的抗拔力为 352 kN，较膨胀剂掺量为 0 时提高了 87%，膨胀应力为 5.86 MPa，大于 10% 膨胀剂掺量对应的膨胀应力，且小于其自身抗拉强度，围岩未发生破坏。膨胀剂掺量为 20%、25% 时较膨胀剂掺量为 0 时抗拔力均有所提高，但增幅小于 15% 膨胀剂掺量，其原因在于膨胀产生的应力

与围岩抗拉强度较为接近，围岩处于破坏的临界状态，拉拔力作用下发生一定程度破坏。膨胀剂掺量为 30% 时对应的抗拔力最小，较膨胀剂掺量为 0 时降低了 22%，其膨胀应力峰值大于抗拉强度，围岩发生破坏，抗拔力大幅降低。

由 4.1.2 小节中第 2 部分剪应力变化规律分析可知，锚杆抗拔力提高的直接原因是剪应力的增加，而剪应力的增加是由膨胀应力的产生导致的，因此找到抗拔力、剪应力与膨胀应力的关系尤为重要。抗拔力、剪应力差、最大膨胀应力随膨胀剂掺量的变化如图 4.19 所示。

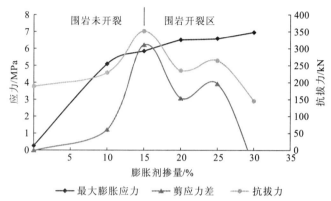

图 4.19　抗拔力、剪应力差、最大膨胀应力随膨胀剂掺量变化规律

锚杆剪应力与抗拔力的变化规律大致相同，在膨胀剂掺量为 0~15% 时呈上升趋势，为 20%~30% 时有起伏，30% 膨胀剂掺量对应的抗拔力与剪应力最小。这是因为剪应力是抗拔力提高的直接原因。最大膨胀应力随膨胀剂掺量变化呈单调上升趋势，这是符合常理的，膨胀剂掺量越高，膨胀效果越好，最大膨胀应力越大。针对本节试验岩体，当膨胀剂掺量低于 15% 时，抗拔力、剪应力差、最大膨胀应力随膨胀剂掺量增加而增加，当膨胀剂掺量大于 15% 时，膨胀应力过大，导致围岩发生破坏，从而影响抗拔力和剪应力，使其发生波动，这时需要考虑围岩自身强度才能解释抗拔力与剪应力的变化规律。

总体说来，大掺量膨胀剂高强预压锚固技术在边坡拉拔试验中抗拔力提高较为明显，对于较大掺量产生的抗拔力降低现象也通过抗拉强度与膨胀应力进行了解释说明，多种测试结果较为一致。

4.2　不同地应力条件下岩体锚固试验

以不同壁厚钢管为试验载体，模拟不同刚度的岩体，进行不同掺量膨胀剂锚固试验研究，其中不同壁厚钢管在试验中主要充当不同侧限条件，并没有考虑地应力因素条件；而在实际工程中，多数围岩体所处地层环境较为复杂，常常因围岩体周围存在不同大小的地应力而使锚固体出现不同的破坏情况，从而锚杆锚固失效。因此，具有不同地应力条件的围岩体可以承受多大掺量的膨胀水泥浆锚固体所产生的膨胀压力而不会破坏呢？

相比于无地应力条件下的普通水泥浆锚固体，不同地应力条件下膨胀水泥浆锚固体极限抗拔力会提高多少呢？这些都是在大掺量膨胀水泥浆应用于不同的地应力条件所面临的问题。本节将针对这些问题开展一系列研究，进一步明确在不同地应力条件下不同掺量膨胀剂锚固体的应用方法。

4.2.1　试验方案及试验装置研发

地应力是存在于地层环境中未受到工程扰动的天然应力，是引起地下工程变形和破坏的根本作用力，它产生的原因十分复杂，属于非稳定应力场，且在空间分布上极为不均匀，这就导致了地应力的监测极为困难，为此，模拟不同地应力条件，进行不同掺量膨胀剂锚固试验研究，对锚杆锚固工程具有重要意义。同时，在锚杆锚固工程中，对具有地应力的围岩体进行锚固施工时，当膨胀水泥浆锚固体中的膨胀剂掺量过低时，为锚杆提供的抗拔力增幅不明显，即此时膨胀水泥浆锚固体不能最大限度提供抗拔力，甚至可能因地应力过高而导致锚固体被挤压破碎，失去锚固效果。当膨胀水泥浆锚固体中的膨胀剂掺量过高时，围岩体可能会被过大的膨胀压应力胀裂，此时锚固体会因失去限制而出现破碎甚至散体，直至失去锚固效益。因此，如何确定不同地应力条件下膨胀水泥浆锚固体中最佳膨胀剂掺量，使其在不同地应力条件下最大限度提高抗拔力是一个关键技术问题。基于此，提出一种模拟较高地应力条件下岩体锚固的方法，并已申请发明专利（发明专利号：201711079426.0），本方法可解决以下问题。

（1）可解决实际情况，即不同地应力条件下不同掺量膨胀水泥浆对锚杆产生的压应力稳定性及拉拔破坏过程演化规律未知的情况，可模拟具有较高地应力条件下的真实工程环境条件，研究并验证在该真实工程环境条件下不同膨胀剂掺量锚固体的长期稳定性。

（2）可更为真实研究在地应力作用下不同膨胀剂掺量的锚固系统随时间的变化规律，并得到抗拔力随膨胀剂掺量的变化规律；当千斤顶施加不同压力时，可模拟不同地应力（范围为 0～100 MPa），并观察灌注不同掺量膨胀剂的岩体在不同地应力条件下是否被破坏，再使用二分法，根据破坏时对应的膨胀剂掺量确定在实际工程环境中岩体不被破坏条件下最佳锚固效果的膨胀剂掺量，同时验证锚固体在较高地应力条件下的长期稳定性，为实际工程中边坡支护防护提供参考，具有研究应用价值。

为解决上述技术问题，本发明专利采用的技术方案包括以下步骤。

（1）制作基坑，选取一块区域，定位并挖坑，布置钢筋及支模，浇筑养护 28 d，如图 4.20 所示。

（2）根据试验要求，选取岩石。

（3）将岩石切割制成岩石试块，并在中心钻孔，待岩样制作好后，采用声波测试仪进行测试，如图 4.21 所示，并对岩样进行分类和编号。

（4）在岩石试块两相互垂直侧面上以"四角点和一中间点"的方式做标记；在标记处以"四角点和一中间点"的方式布置压力传感器，如图 4.22 所示；可通过压力传感器

（a）选址定位　　　　　（b）开挖　　　　　（c）布置钢筋及支模

（d）搅拌混凝土　　　　（e）浇筑混凝土　　　　（f）洒水养护

图 4.20　模拟较高地应力条件下岩体锚固现场

图 4.21　声波测试仪测试

监测岩石试块受到的正应力大小，即地应力；同时在试块中心孔壁上沿深度方向等间距布置多组压力传感器，在同一深度截面上布置多个压力传感器，相邻两压力传感器间角度为 120°，以监测锚固体与孔壁间的界面正应力。

（a）岩石试块标记　　　　（b）布置压力传感器　　　　（c）监测

图 4.22　岩石试块侧面标记及布置压力传感器

（5）组装高地应力模拟装置，而后将岩石试块放置于高地应力模拟装置内。

（6）将高地应力模拟装置连同岩石试块放置于钢筋混凝土砌筑的水池式基坑中，在水池式基坑两相邻侧壁与高地应力模拟装置之间安装千斤顶，灌注膨胀水泥浆前，先通过千斤顶施加不同大小的力后旋紧钢板上的固定螺母，以模拟地应力条件，而后连接压力传感器系统，采集灌浆前的地应力，如图 4.23 所示。图中标号"1"为千斤顶，标号"2"为基坑侧壁，标号"3"为装置侧模，标号"4"为岩石试块，标号"5"为灌浆孔。

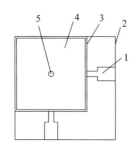

（a）高地应力模拟加载示意图 　　（b）灌浆前地应力监测

图 4.23　高地应力模拟加载图

（7）根据试验需求配制不同膨胀剂掺量的水泥浆待用。

（8）将锚杆居中放入岩石试块的孔内，先向孔中灌注 m 高度的素水泥浆进行垫底封口，再灌注 n 高度的不同掺量膨胀水泥浆，最后再灌注 m 高度的素水泥浆进行封口，而后立即将压力传感器与压力采集系统连接，如图 4.24 所示。图中标号"4"为岩石试块，标号"6"为压力传感器，标号"7"为锚固体，标号"8"为锚杆，标号"9"为应变片。

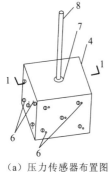
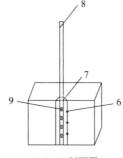

（a）压力传感器布置图　　（b）1-1 剖面图　　（c）灌浆后压力监测

图 4.24　压力采集过程

（9）采集压力数据，对同一深度层布置的压力传感器所测得的 3 个压力值 F_1、F_2 和 F_3，求出压力平均值

$$F_0 = \frac{F_1 + F_2 + F_3}{3}$$

（4.2）

式中：F_0 为压力平均值；F_1、F_2 和 F_3 为三个压力传感器所测得的三个压力值。

再根据压应力计算公式[式（4.3）]计算出膨胀压应力，绘制地应力条件下不同掺量的膨胀水泥浆压应力随时间的变化图像。

$$\sigma_1 = \frac{F_0}{A_c} \tag{4.3}$$

式中：σ_1 为界面正应力；F_0 为压力平均值；A_c 为压力传感器端有效接触面积。

（10）待孔内压应力趋于稳定后，对锚杆上部使用千斤顶逐步施加不同等级拉力，同时在拉拔过程中，将应变片与应变采集系统连接，记录数据，绘制在拉拔过程中不同地应力条件下不同掺量膨胀水泥浆压应力时间变化规律图及拉拔过程中位移随荷载变化的关系图。最终结合步骤（9）得到的关系图，可以测量在三种特定地应力条件下，不同掺量膨胀水泥浆能提供的最大抗拔力、长期稳定性。

步骤（2）中，根据试验需要，既可将岩体作为研究对象，也可将混凝土浇筑和其他高强度的类岩石材料作为研究对象。

步骤（3）中，切割岩石成岩石试块或由混凝土浇筑成岩石试块，所述试块均采用相同大小的立方体结构，边长为 L_b，在各个试块的中心钻取孔，直径为 d_g，深度为 h_0。

步骤（5）中，如图 4.25 所示，高地应力模拟装置包括底板，所述底板底部四角各安装一个可拆卸脚轮，顶部其中一角焊接固定立柱，另三角各布置有可滑动的立柱；两两相邻立柱之间由三根钢杆连接，钢杆内侧与四块钢板相邻，其中固定立柱与两块钢板通过焊接固定于底板上，且两块钢板远离固定立柱端均设置有两个滑动轨槽，所述滑动轨槽与两根钢杆构成滑动配合；另两块钢板与底板接触处镶有滚轮，其中一块钢板一端设置有一个滑动轨槽，另一块钢板不设置滑动轨槽，它垂直两平行钢板放置；通过向两相邻钢板施加力，从而传递给岩石试样，以模拟地应力。

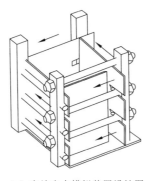

（a）高地应力模拟装置设计图　　　　（b）高地应力模拟装置实物图

图 4.25　高地应力模拟装置

步骤（6）中，水池式基坑由钢筋混凝土砌筑而成；在高地应力模拟装置贴有压力传感器两侧与水池式基坑两坑壁之间设置扁平千斤顶，可在施加 0～100 MPa 的力后立即旋紧钢板的固定螺母以保证荷载的稳定性与持续性，以模拟高地应力条件。

步骤（7）中，按照试验需求配制膨胀剂掺量分别为 10%、15%、20%、25% 和 30% 的膨胀水泥浆。

步骤（8）中，采用玻璃纤维锚杆或钢筋等杆状物件作为锚杆，在其底端沿轴向加工有槽，在槽内等间距布置应变片；在岩石试块距顶部孔口 100 mm 深度处的孔壁布置 1 组压力传感器，每组压力传感器由布置于同一深度截面上的 3 个压力传感器组成，在同一平面内，截面上的 3 个压力传感器相互间的夹角为 120°；在试块两相互垂直侧面上以"四角点和一中间点"的方式各布置 5 个压力传感器。

步骤（8）中，将锚杆居中放入岩石试块的孔后，先向每个孔内灌注 25 mm 高度的普通水泥浆进行垫底，而后在孔中分别灌注 150 mm 高度的不同膨胀剂掺量的膨胀水泥浆并且将其振捣密实，最后向每个孔内灌注 25 mm 高度普通水泥浆进行封口，而后立即将压力传感器与压力采集系统连接。

步骤（9）中，灌注膨胀水泥浆后的前 48h 内，连续采集压力数据，48～96 h 内，每隔 3 h 采集一次压力数据，采集 96 h 内的数据；根据采集的数据，绘制在较高地应力条件下不同膨胀剂掺量水泥浆压应力随时间变化的曲线，找到膨胀压应力的稳定值；通过比较不同膨胀剂掺量水泥浆的最大抗拔力的大小选择锚固效果最佳的膨胀剂掺量。

步骤（10）中，锚杆上部千斤顶从 0 开始施加连续拉力，直至将锚杆拔松动，此时的拉力即为在该较高地应力条件下该掺量膨胀剂能够提供的最大抗拔力；同时在拉拔过程中，将应变片与应变采集系统连接，测量应变数据，根据布置在锚杆不同深度处的应变片，收集锚杆应变数据，绘制在高地应力及浸水条件下，拉拔过程中应变随不同掺量膨胀水泥浆提供拉拔力大小的关系图，分析锚杆轴力分布规律，可定向研究较高地应力及浸水条件下不同膨胀剂掺量水泥浆压应力及锚固体拉拔破坏过程的演变规律；最终结合步骤（9）中得到的关系图，可以测量在三种特定较高地应力及浸水条件下，不同掺量膨胀水泥浆能提供的最大抗拔力、长期稳定性及锚杆轴力变化关系。

4.2.2　锚固试验数据及机理分析

应用上述方法进行不同地应力条件下不同掺量膨胀剂锚固试验研究，试验以尺寸为 20 cm×20 cm×20 cm 的立方体砂岩试块为试验载体，试验前采用声波测试仪进行测试，声波测试数据如表 4.1 所示；并在每个试块中间进行钻孔，孔深 20 cm，孔径 45 mm，钻孔 20 cm，试验锚固段为 20 cm，其中上下口以普通水泥浆各自封口 2.5 cm，膨胀水泥浆锚固段为 15 cm；试块准备完后将试块放入地应力模拟装置，采用千斤顶（截面面积为 2 826 mm²）和膨胀剂协同加载 0、5 MPa、7.5 MPa 三种围压，在灌浆前 6 h 进行 10 点压力数据采集，记录为灌浆前的地应力；而后在每种围压下以 5% 的增量逐渐增大膨胀剂掺量（最大膨胀剂掺量为 30%），进行试验，直至岩石在三种围压下被胀裂，并在该膨胀剂掺量的基础上，以二分法进一步试验，找到一种围压下最佳的掺量（锚固体既能保证围岩完整，又能最大限度提高极限抗拔力）膨胀剂配合比，本节主要在三种围压下进行不同掺量的膨胀水泥浆锚固试验研究，具体试验情况，如表 4.1 所示。

表 4.1　三种围压下不同掺量的膨胀水泥浆锚固试验方案

岩石编号	加载/MPa	岩石规格/cm	孔深/cm	孔径/mm	声时/μs	声速/（km/s）	膨胀剂掺量/%	有无裂纹
1	0	20×20×20	20	45	66	3030.30	0	无
2	0	20×20×20	20	45	66	3030.30	5	无
3	0	20×20×20	20	45	67	3076.92	7.5	无
4	0	20×20×20	20	45	66	3030.30	10	有
5	5	20×20×20	20	45	67	2985.07	0	无
6	5	20×20×20	20	45	66	3030.30	10	无
7	5	20×20×20	20	45	65	3076.92	15	无
8	5	20×20×20	20	45	66	3030.30	20	无
9	5	20×20×20	20	45	67	2985.07	30	无
10	7.5	20×20×20	20	45	66	3030.30	0	无
11	7.5	20×20×20	20	45	65	3076.92	10	无
12	7.5	20×20×20	20	45	66	3030.30	15	无
13	7.5	20×20×20	20	45	65	3076.92	20	无
14	7.5	20×20×20	20	45	67	2985.07	30	无

用表 4.1 中数据进行三种围压下不同掺量的膨胀水泥浆锚固试验研究，在试验过程中，采用压力传感器监测两侧面地应力、锚固体与围岩体之间的压应力随时间的变化规律。

（1）围压为 0 时，直接对岩石灌注不同掺量的膨胀剂进行试验，现进行了膨胀剂掺量分别为 0、5%、7.5%、10%四组试验，膨胀水泥浆压应力随时间的变化关系如图 4.26 所示。

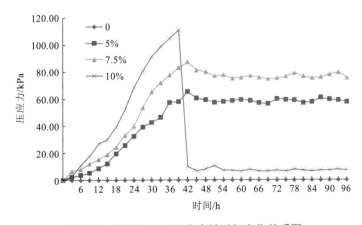

图 4.26　围压为 0 时压应力随时间变化关系图

在 0 围压条件下，向砂岩岩石孔中灌注未添加膨胀剂的水泥浆体，水泥浆体与围岩间几乎无压应力变化。当水泥浆体中添加掺量为 5%、7.5% 的膨胀剂时，水泥浆体与围岩间最大压应力分别为 6 313.5 kPa、8 470 kPa，岩石未破裂；当水泥浆体中添加掺量为 10% 的膨胀剂时，岩石在两侧从内至外出现一道裂缝，如图 4.27 所示。由压应力监测数据知，在 39 h 出现的最大压应力值为 10 826.5 kPa，而后压应力突然降低并稳定为 611 kPa。由此可知，在无地应力条件下进行岩体锚固时，当膨胀水泥浆体中的膨胀剂掺量超过 10% 时，岩体会被胀裂而使锚固失效，由试验可知，最适膨胀剂掺量为 7.5%，对应的最大膨胀压应力为 8 470 kPa，在工程运用中应控制在该范围内。

裂缝

图 4.27　岩石被胀裂

（2）围压为 5 MPa 时，进行了膨胀剂掺量分别为 0、10%、15%、20%、30% 的五组试验，分别选取膨胀剂掺量为 0、20%、30% 的膨胀水泥浆两侧面的 10 个点，监测围压随时间的变化关系，如图 4.28 所示；得到膨胀剂掺量为 0、10%、15%、20%、30% 的五组试验中膨胀水泥浆压应力随时间的变化关系，如图 4.29 所示。

在加载 5 MPa 围压条件下，在灌注膨胀水泥浆前进行 6 h 的地应力（10 个点）监测，现只将膨胀剂掺量为 0、20%、30% 的 10 个点的压应力数据绘制成曲线，如图 4.28 所示，在灌浆前 6 h，压应力基本处于稳定状态，且 10 个点压应力的大小相差甚小，取 10 个点的压应力平均值，为 344.78 kPa；当向砂岩孔中灌注膨胀剂掺量为 0、10%、15%、20%、30% 的水泥浆时，水泥浆体与围岩间产生压应力，如图 4.29 所示，均在 42 h 左右取得最大压力值，分别为 35.69 kPa、18 135.51 kPa、27 010.43 kPa、41 661.67 kPa、51 387.46 kPa，此时岩石均未出现破裂情况，即在 5 MPa 围压条件下，膨胀剂掺量为 10%、15%、20%、30% 的水泥浆相对于未添加膨胀剂水泥浆体产生的压应力有大幅度提升；同时由膨胀剂掺量为 0、20%、30% 的 10 个点的压应力数据可知，0 对应的 10 个点压应力几乎无变化，10 个点压应力平均值依然保持为 344.78 kPa，而 20%、30% 对应的压应力则随着时间的延长而增大，并最终趋于稳定，稳定后 10 个点的压应力值相差较小，取 10 个点的平均值，分别为 4 359.36 kPa、5 428.90 kPa，由此可说明在 5 MPa 地应力岩体中，地应力对岩石中锚固体有约束力，在该约束力下不同膨胀剂掺量的水泥浆体与围岩间的压应力随时间的延长而增大，压应力最大的是掺量为 30% 的膨胀水泥浆体；同时可知，在该地应力条件下，不同掺量膨胀水泥浆体对周围围岩产生不同的压应力，即当锚固体与围岩间

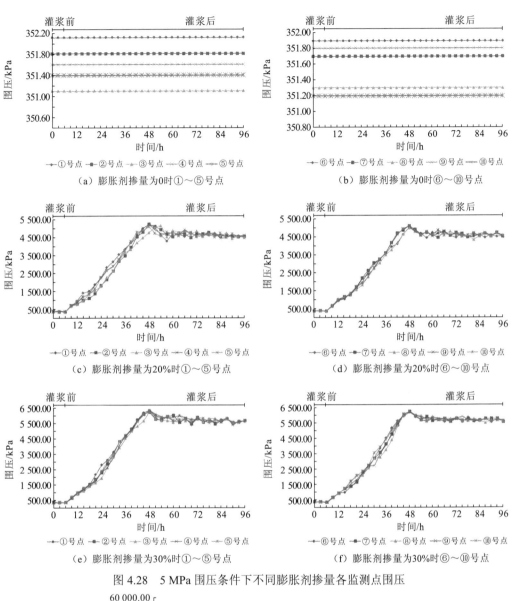

（a）膨胀剂掺量为0时①～⑤号点

（b）膨胀剂掺量为0时⑥～⑩号点

（c）膨胀剂掺量为20%时①～⑤号点

（d）膨胀剂掺量为20%时⑥～⑩号点

（e）膨胀剂掺量为30%时①～⑤号点

（f）膨胀剂掺量为30%时⑥～⑩号点

图 4.28　5 MPa 围压条件下不同膨胀剂掺量各监测点围压

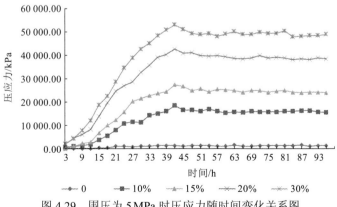

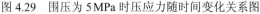

图 4.29　围压为 5 MPa 时压应力随时间变化关系图

压应力增大时，岩石与装置钢板间的 10 个点的压应力也逐渐增大，从 10 个压应力监测点可以看出，膨胀剂掺量为 30% 的水泥浆体岩石中两侧面 10 个点的压应力增大值最大，为 5 429.25 kPa，约为锚固体与围岩间压应力的 10.6%；膨胀剂掺量为 0 的水泥浆体岩石中两侧面 10 个点的压应力为 344.80 kPa，此时锚固体与围岩间压应力为 35.50 kPa，约为两侧面压应力的 10.3%，这说明地应力影响围岩与锚固体间压应力的重分布，同时围岩体与锚固体间压应力同样影响岩体周围地应力的重分布。

此外，对不同掺量膨胀剂岩体进行拉拔试验，如图 4.30 为灌注膨胀剂掺量为 0 的拉拔试验，锚固体整体被拔出，这是由于在 5 MPa 围压条件下，未添加膨胀剂的锚固体并未产生膨胀压力，使锚固体与围岩体间几乎无挤压作用，即锚固体与围岩之间的界面摩阻力非常小，最终锚固体受到拉拔力作用而被整体拔出，而其他添加膨胀剂的锚固体在拉拔过程中均未出现锚固体被拔出的现象，这也证明了大掺量膨胀水泥浆锚固体确实能大幅度提高锚杆抗拔力。

（a）围压5MPa下膨胀剂掺量为0时锚杆拉拔　　　（b）围压5MPa下膨胀剂掺量为0时锚固体被拔出

图 4.30　5 MPa 围压条件下膨胀剂掺量为 0 时锚杆拉拔试验

（3）当围压为 7.5 MPa 时，进行了膨胀剂掺量分别为 0、10%、15%、20%、30% 的五组试验，下面分别选取膨胀剂掺量为 0、20%、30% 的膨胀水泥浆两侧面的 10 个点，监测围压随时间的变化关系，如图 4.31 所示。

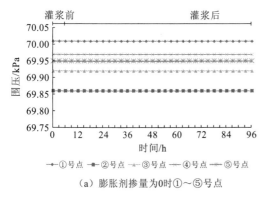 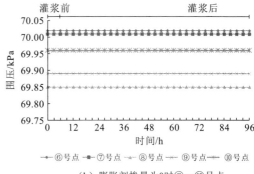

（a）膨胀剂掺量为0时①～⑤号点　　　　　　　（b）膨胀剂掺量为0时⑥～⑩号点

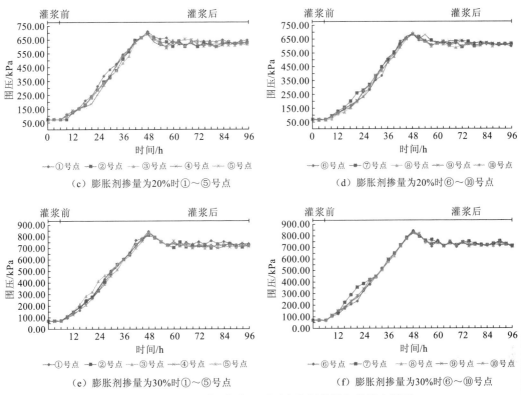

（c）膨胀剂掺量为20%时①～⑤号点　　　　（d）膨胀剂掺量为20%⑥～⑩号点

（e）膨胀剂掺量为30%时①～⑤号点　　　　（f）膨胀剂掺量为30%时⑥～⑩号点

图 4.31　7.5 MPa 围压条件下不同膨胀剂掺量各监测点围压

在加载 7.5 MPa 围压条件下，在灌注膨胀水泥浆前进行 6 h 的地应力（10 个点）监测，现只将膨胀剂掺量为 0、20%、30% 的 10 个点的压应力数据绘制成曲线，压应力大小相差不大，取 10 个点压应力的平均值，为 685.88 kPa；当向砂岩孔中灌注膨胀剂掺量为 0、10%、15%、20%、30% 的水泥浆时，水泥浆体与围岩间产生压应力，均在 42 h 左右取得最大压应力值，分别为 75.413 kPa、21 101.36 kPa、33 279.75 kPa、48 852.22 kPa、54 583.13 kPa，此时岩石均未出现破裂情况，即在 7.5 MPa 围压条件下，膨胀剂掺量为 10%、15%、20%、30% 的水泥浆相对于未添加膨胀剂水泥浆体产生的压应力有大幅度提升；同时由膨胀剂掺量为 0、20%、30% 的 10 个点的压应力数据可知，膨胀剂掺量为 0 时对应的 10 个点的压应力几乎无变化，10 个点压应力的平均值依然保持为 685.88 kPa，而膨胀剂掺量为 20%、30% 时对应的压应力则随着时间的延长而增大，且 10 个点间压应力值相差较小，取 10 个点的平均值，最大压应力平均值分别为 5 992.26 kPa、7 115.02 kPa，由此可说明在 7.5 MPa 地应力岩体中，地应力对岩石中锚固体有约束力，在该约束力下不同膨胀剂掺量的水泥浆体的压应力随时间的延长而增大，压应力最大的是掺量为 30% 的膨胀水泥浆体；同时可知，在该地应力下，不同掺量膨胀水泥浆体对围岩周围产生不同的压应力，灌注膨胀剂掺量为 30% 的水泥浆体，岩石中两侧面 10 个点的压应力平均值最大，为 7 115.019 kPa，约为锚固体与围岩间压应力的 13%；灌注膨胀剂掺量为 0 的水泥浆体，岩石中两侧面 10 个点的压力平均值最小，为 685.88 kPa，此时锚固体与围岩间压应力为两侧面压应力的 11%，如图 4.32 所示。

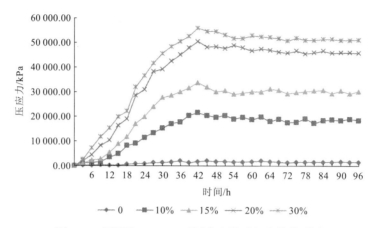

图 4.32　围压为 7.5 MPa 时压应力随时间变化关系图

膨胀剂掺量为 30% 的拉拔试验完成后进行卸压，岩石从下端斜向上出现断裂，这是因为在较大地应力突然卸载后，岩石向内部传递力与内部产生向外的膨胀压力间发生剪切作用，使岩石发生断裂，如图 4.33 所示。

图 4.33　卸压后岩石破裂

对 0、5 MPa、7.5 MPa 围压条件下灌注不同膨胀剂掺量的岩石进行拉拔试验，得到不同围压条件下不同膨胀剂掺量所对应的极限抗拔力数据（表 4.2）；在张欣[84] 提出的拉拔荷载下锚杆剪应力预测公式和轴力预测公式基础上，引入初始地应力系数，建立新的剪应力预测公式与轴力预测公式，并运用 MATLAB 程序进行拟合，将试验实测数据导入公式，计算出初始地应力系数，最后得到一套与地应力相关的完善并修正的剪应力预测公式和轴力预测公式。

表 4.2　不同围压下不同膨胀剂掺量所对应的极限抗拔力情况

围压/MPa	膨胀剂掺量/%	极限抗拔力/kN	岩石胀裂裂纹情况
0	0	6.798	无
0	5	14.136	无

续表

围压/MPa	膨胀剂掺量/%	极限抗拔力/kN	岩石胀裂裂纹情况
0	7.5	17.898	无
0	10	13.074	有
5	0	9.830	无
5	10	42.161	无
5	15	47.432	无
5	20	59.136	无
5	30	73.555	无
7.5	0	14.253	无
7.5	10	47.573	无
7.5	15	54.082	无
7.5	20	67.658	无
7.5	30	81.343	无

　　根据拉拔试验测得的抗拔力与锚杆位移试验数据，绘制不同掺量膨胀剂下的抗拔力-位移曲线图，如图 4.34～图 4.36 所示。

（1）当围压为 0 时，抗拔力与锚杆位移的抗拔力-位移曲线如图 4.34 所示。

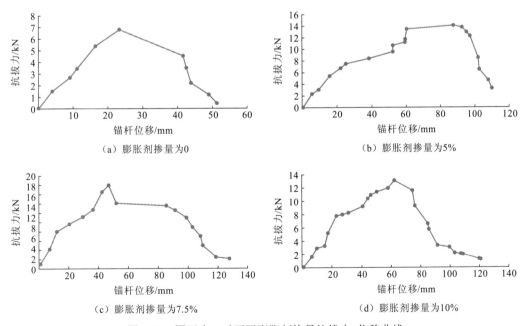

（a）膨胀剂掺量为0　　　　　　　　　　（b）膨胀剂掺量为5%

（c）膨胀剂掺量为7.5%　　　　　　　　　（d）膨胀剂掺量为10%

图 4.34　围压为 0 时不同膨胀剂掺量抗拔力-位移曲线

（2）当围压为 5 MPa 时，抗拔力与锚杆位移的抗拔力-位移曲线如图 4.35 所示。

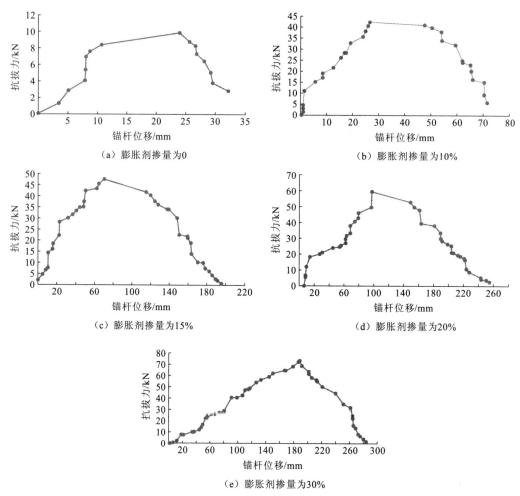

（a）膨胀剂掺量为0

（b）膨胀剂掺量为10%

（c）膨胀剂掺量为15%

（d）膨胀剂掺量为20%

（e）膨胀剂掺量为30%

图 4.35　围压为 5 MPa 时不同膨胀剂掺量抗拔力-位移曲线

（3）当围压为 7.5 MPa 时，抗拔力与锚杆位移的抗拔力-位移曲线如图 4.36 所示。

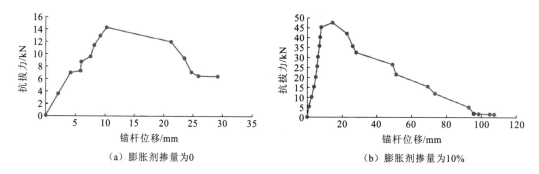

（a）膨胀剂掺量为0

（b）膨胀剂掺量为10%

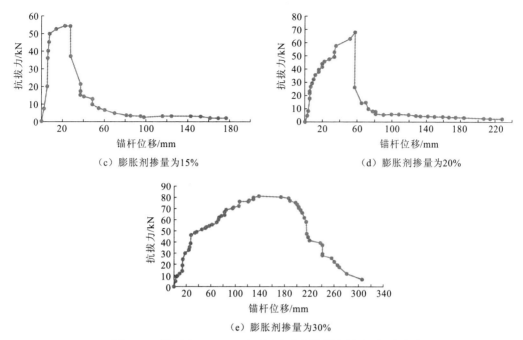

（c）膨胀剂掺量为15%　　　　　　　　（d）膨胀剂掺量为20%

（e）膨胀剂掺量为30%

图 4.36　围压为 7.5 MPa 时不同膨胀剂掺量抗拔力-位移曲线

在围压为 0～7.5 MPa 时，不同掺量膨胀剂的拉拔力均遵循"增大—极限值—降低"的规律；与此同时，位移也一直在递增，与荷载间并无规律可言，这主要是因为不同掺量的膨胀水泥浆体与岩石内壁之间的压应力大小不同，使锚固体致密性不同，从而为锚杆提供的抗拔力大小不同。同时，岩石内部不均匀，岩石颗粒大小不一等，使锚固体与岩石内壁之间黏结力不均匀，从而导致拉拔过程中位移并不随着荷载的加载而呈现一定的规律性。

基于以上情况，可选取不同掺量膨胀剂下的荷载峰值作为极限抗拔力，并绘制不同围压条件下极限抗拔力随膨胀剂掺量变化的曲线，如图 4.37 所示。

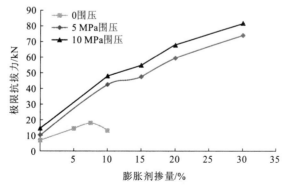

图 4.37　不同围压条件下极限抗拔力随膨胀剂掺量变化的规律

在同一膨胀剂掺量条件下，极限抗拔力随着地应力增大而增大，当膨胀剂掺量为 0 时，围压为 5 MPa、7.5 MPa 条件下的极限抗拔力分别是围压为 0 条件下的 145%、210%。这是因为地应力的存在，使岩石内壁对膨胀水泥浆锚固体具有挤压（约束）作用，地应力越大，挤压（约束）作用越明显。在 5 MPa 或 7.5 MPa 围压条件下，极限抗拔力随着膨胀剂掺量的增大而增大，这说明在 5 MPa 或 7.5 MPa 地应力下岩石始终保证完整，即地应力对不同膨胀水泥浆体具有足够的约束力，从而提高了锚杆的极限抗拔力。而在 0 围压条件下，膨胀剂掺量从 0 增加至 7.5%时，极限抗拔力随着膨胀剂掺量的增加而增加，当膨胀剂掺量增加至 10%时，极限抗拔力则出现降低现象，这主要是因为岩石在无约束条件下，10%掺量膨胀剂所产生的膨胀压力过大，岩石被胀裂，岩石内壁对膨胀水泥浆锚固体的约束作用减小，从而导致锚固体在较小的拉拔力下被拔出，即极限抗拔力降低。

4.3　本章小结

本章将自膨胀锚固体应用于真实岩质载体中，进一步验证了自膨胀锚固体的可行性，并采用自制地应力模拟装置，模拟 0、5 MPa、7.5 MPa 地应力，进行不同掺量膨胀剂锚固试验及拉拔试验研究，得到如下结论：

（1）对强风化砂岩开展浅孔短锚拉拔试验，得到了拉拔过程中的锚杆位移荷载曲线及不同荷载等级下轴力、剪应力沿杆长的分布规律。同时解释了部分膨胀剂掺量下极限抗拔力并未随膨胀剂掺量的增加而提高的原因：①钻孔较浅；②裂隙较为发育，钻孔围岩间强度离散性较大；③拉拔过程中，千斤顶对表层岩体施加较大压力，导致岩体被压碎，从而抗拔力降低。

（2）对强风化砂岩拉拔试验结果进行总结分析，得到膨胀水泥浆可用的两个必要条件：①围岩封闭。若围岩有裂隙存在，会导致锚固体膨胀压力大幅降低，甚至出现散体。②围岩需保持弹性变形阶段，即膨胀水泥浆周边围岩不能开裂，则满足 $\sigma \leqslant \sigma_1 + \sigma_t$（$\sigma$ 为界面正应力，σ_1 为围岩最小压应力，σ_t 为围岩体抗拉强度）。

(3)根据提出的一种模拟较高地应力条件下岩体锚固的方法（发明专利号：201711079426.0），在边长为 20 cm 的立方体试块中间灌浆后，锚固体与围岩间产生的压应力对岩石边缘具有挤压作用。在 5 MPa、7.5 MPa 地应力条件下，30%掺量所产生的压力最大。

（4）在同一膨胀剂掺量条件下，极限抗拔力随着地应力增大而呈线性增大趋势，地应力为 5 MPa、7.5 MPa 条件下的极限抗拔力分别是地应力为 0 条件下的 145%、210%。

第 5 章

自膨胀锚固体加固机理分析

5.1　自膨胀锚固体密实度 CT 试验

针对不同膨胀剂掺量条件下的锚固体密实度是否均匀，本节采用圆柱体钢质模具浇筑不同膨胀剂掺量的圆柱形水泥浆试样，待膨胀水泥浆体终凝后，对圆柱形水泥浆试样拆模，并立即采用 CT 技术进行扫描，得到不同膨胀剂掺量下锚固体密实度变化规律，其中 CT 值代表膨胀水泥浆体的密实度，CT 值越大代表密实度越高；同时在现有技术条件下，如何完成在围压条件下的 CT 技术扫描，并消除金属伪影，从而进一步研究锚固体内部力的分布规律，最终提出一种在不卸压条件下消除金属伪影的 CT 法。

5.1.1　试验方案

本节采用壁厚为 4 mm 的钢质模具，内环直径为 50 mm，圆柱体高度为 100 mm，圆柱体下端设置有固定约束环，上端无固定约束环，即可浇筑试样的尺寸为高 100 mm、直径 50 mm；浇筑膨胀剂掺量为 0、4%、8%、12%的圆柱体试样各一个，如图 5.1（a）所示。待浇筑圆柱体 28 d 后，拆除模具，如图 5.1（b）所示。立即对圆柱体采用 CT 技术进行扫描，如图 5.1（c）所示。

（a）钢制模具　　　　　（b）膨胀剂为0（左）、8%（中）、12%（右）的锚固体

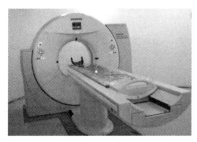

（c）CT仪

图 5.1　不同膨胀剂掺量的锚固体 CT 试验

采用作者发明的一种对岩石进行层进式损伤分析的方法（发明专利号：201610597318.1），对圆柱体横截面分层采用 CT 技术进行扫描，如图 5.2 所示，按横截

面划分圈层对整个圆柱体试样进行不同层面环状精确分析，对比不同层面密实度（CT值）变化情况，具体操作如下。

将圆柱形试样的每层横截面按半径分别为 1.6 cm、1.7 cm、1.7 cm 的同心圆（或者半径差更小）划分为三个区域，如图 5.2（a）所示，对每一个区域由内而外分别记为环 1、环 2、环 3，从而将圆柱体横截面分成了三个部分进行扫描，将圆柱体沿高度按 1 cm 等距离平均分成 10 层，如图 5.2（c）所示；扫描完成后，得到每一层横截面上环 1、环 2、环 3 的 CT 值，即每一层横截面上每一环区域的密实度，即 CT_1、CT_2、CT_3。

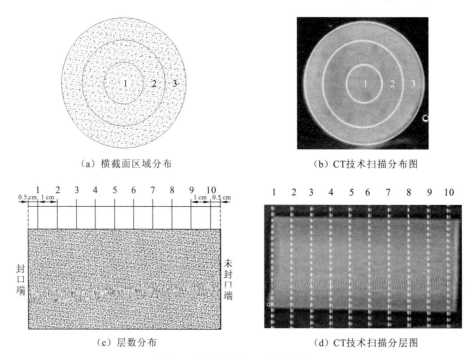

（a）横截面区域分布　　　　　　　　　　（b）CT技术扫描分布图

（c）层数分布　　　　　　　　　　（d）CT技术扫描分层图

图5.2　横截面分层CT技术扫描

5.1.2　试验数据分析

采用上述方法，对膨胀剂掺量为 0、4%、8%、12% 的圆柱体试样采用 CT 技术进行扫描，CT 值如表 5.1 所示，将表 5.1 绘制成图 5.3～图 5.5。

表 5.1　不同膨胀剂掺量锚固体 CT 值

掺量/%	环号	1层	2层	3层	4层	5层	6层	7层	8层	9层	10层
	环1	1 224.32	1 217.33	1 219.74	1 216.06	1 211.77	1 207.53	1 206.78	1 198.81	1 199.84	1 192.87
0	环2	1 219.12	1 215.10	1 213.54	1 215.40	1 208.07	1 206.2	1 204.62	1 193.78	1 194.64	1 190.65
	环3	1 222.24	1 218.11	1 215.53	1 215.41	1 209.11	1 208.21	1 201.32	1 197.71	1 194.24	1 193.12

掺量/%	环号	1层	2层	3层	4层	5层	6层	7层	8层	9层	10层
4	环1	1 367.36	1 248.93	1 281.23	1 273.65	1 260.22	1 263.62	1 231.03	1 197.17	1 181.55	1 145.32
	环2	1 389.25	1 307.24	1 294.91	1 293.13	1 275.76	1 275.08	1 260.83	1 207.09	1 195.61	1 156.21
	环3	1 439.24	1 336.31	1 319.60	1 303.32	1 296.31	1 294.18	1 280.56	1 231.12	1 215.61	1 277.23
8	环1	1 414.36	1 374.56	1 281.18	1 261.76	1 271.4	1 225.13	1 189.59	1 168.83	1 153.21	1 135.25
	环2	1 448.25	1 406.06	1 309.25	1 295.25	1 241.54	1 250.43	1 212.35	1 180.55	1 162.32	1 148.52
	环3	1 472.15	1 431.14	1 329.12	1 318.21	1 261.51	1 263.43	1 229.16	1 210.15	1 184.42	1 168.54
12	环1	1 431.03	1 384.27	1 390.69	1 361.31	1 380.01	1 319.12	1 289.34	1 146.89	1 139.23	1 138.01
	环2	1 476.56	1 417.1	1 395.47	1 381.94	1 365.79	1 318.97	1 278.78	1 179.72	1 171.03	1 165.31
	环3	1 503.42	1 447.11	1 426.37	1 411.84	1 393.69	1 351.37	1 313.48	1 221.82	1 208.13	1 191.33

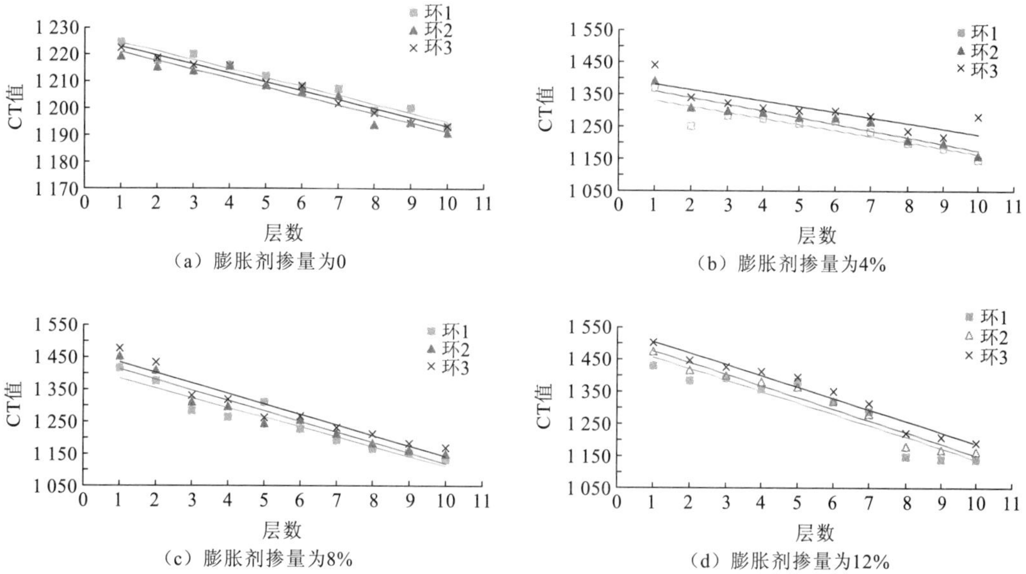

（a）膨胀剂掺量为0　　　　　　　（b）膨胀剂掺量为4%

（c）膨胀剂掺量为8%　　　　　　　（d）膨胀剂掺量为12%

图5.3　不同膨胀剂掺量下CT值随层数变化关系图

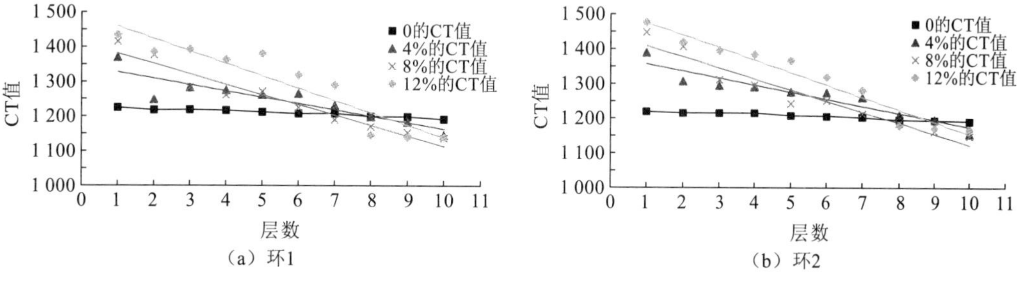

（a）环1　　　　　　　　　　　　（b）环2

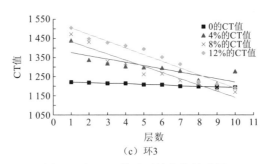

（c）环3

图5.4　各环CT值随层数变化关系图

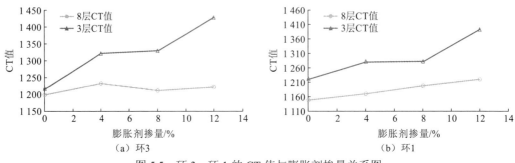

（a）环3　　　　　　　　　　　　（b）环1

图 5.5　环 3、环 1 的 CT 值与膨胀剂掺量关系图

由图 5.3 可知：

（1）不同膨胀剂掺量的锚固体密实度从封口端至未封口端是呈线性递减关系的，这是因为下端受振捣及固定约束的影响，锚固体封口端密实度大于未封口端密实度。因此膨胀剂掺量为 4%、8%、12% 时对应的锚固体不同层面 CT 值变化较大，从下端至上端呈依次降低趋势。

（2）在同一扫描层中，膨胀剂掺量为 0 时锚固体的密实度从内环至外环几乎相等，而膨胀剂掺量为 4%、8%、12% 时锚固体的密实度从内环至外环均呈逐渐增大规律。

由图 5.4 与图 5.5 可知：

（1）在钢质模具约束下，膨胀剂掺量为 4%、8%、12% 时对应的锚固体密实度均大于未掺加膨胀剂时的锚固体密实度，且锚固体密实度随着膨胀剂掺量的增大而线性增大。

（2）在设有固定约束环端，膨胀剂掺量为 4%、8%、12% 时对应的最大锚固体密实度分别是 0 时锚固体密实度的 118%、121%、123%，在无固定约束环端，膨胀剂掺量为 4%、8%、12% 时对应的锚固体密实度相比 0 时锚固体密实度增大量较少，主要原因是水泥浆中添加膨胀剂后，在无约束的情况下，随着膨胀剂掺量的增大，膨胀力增大，锚固体开始出现裂缝，甚至散体现象，如图 5.1（b）12% 的锚固体所示。

5.2 自膨胀锚固体分层密实度-应力关系试验

5.2.1 试验方案

5.1 节中得到不同掺量膨胀剂锚固体密实度从内环至外环呈现逐渐增大规律，即锚固体在有围压的条件下，密度会出现分层的现象；同时通过大量岩土体边坡现场拉拔试验可以发现，在保证围岩不会因锚固体过大的膨胀压应力而发生拉裂破坏时，即保证在一定膨胀剂添加范围内，岩体中极限抗拔力随着膨胀水泥浆中膨胀剂掺量的增加而几乎呈现线性增大趋势。因此，为研究锚固体致密分层现象及锚杆极限抗拔力增大机制，本节继续采用 CT 技术深入研究膨胀水泥浆锚固致密原因，并从力学角度给出锚固机制；对此，作者提出了一种用 CT 分析不同掺量膨胀剂锚固体膨胀机制的方法，并已申请发明专利，专利号为 201711460137.5。

本技术可解决如下问题。

（1）用高强度碳纤维布包裹 PVC 管以提供约束力，防止水泥膨胀，胀裂 PVC 管，以模拟围岩约束条件。用玻璃纤维锚杆代替金属锚杆，即以非金属构件代替金属构件，解决了 CT 中金属存在会产生重影，从而对锚固系统内部的 CT 值产生较大影响的问题。

（2）使用定位部件以精确定位扫描位置，通过不同位置 CT 值的差异及随时间增长的变化规律可以更为真实地得到在地应力作用下不同膨胀剂掺量的锚固系统中膨胀水泥浆体的密实度值，最终得到不同掺量膨胀剂锚固体的膨胀机理，为实际工程中边坡的支护与防护提供参考，具有研究应用价值。

（3）该技术可保证在不解除应力的条件下，对整个锚固体采用 CT 技术进行扫描，获得在具有应力条件下的膨胀水泥浆锚固机理。

为了实现上述技术特征，本发明采用的技术方案包括以下步骤。

步骤 1：截取直径为 160 mm 的 PVC 管，先在底部用木板密封后使用胶水粘接牢固，再在其外部包裹多层碳纤维布后，用细软管在 PVC 管外部沿母线方向等距布置三圈，布置成"丰"字形用于扫描定位，如图 5.6 所示。

（a）截取PVC管　　　　（b）底部封口　　　　（c）外部包裹碳纤维布　　　（d）细软管定位

图5.6　PVC管预处理

步骤 2：选取适当尺寸的长方形木片，对木板等距画线分段，在沿长度方向的两端用电锯等间距锯出五条凹槽后，在中间连接区域等间距布置三个压力传感器，用于测试锚固体径向压力变化，如图 5.7 所示。

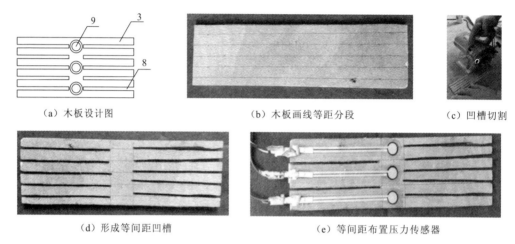

（a）木板设计图　　　　　　（b）木板画线等距分段　　　　　　（c）凹槽切割

（d）形成等间距凹槽　　　　　　　　（e）等间距布置压力传感器

图5.7　模板设置及传感器布置

3为长方形木片；8为凹槽；9为应变片

步骤 3：取非金属锚杆，在一端侧面铣方槽，方槽内沿竖向等间距布置一组应变片，在锚杆应变片相对侧面及 PVC 管内壁各布置一个压力传感器，如图 5.8 所示。

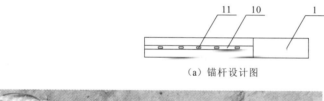

（a）锚杆设计图

（b）锚杆实物图　　　　　　（c）在PVC管内壁布置压力传感器

图5.8　锚杆预处理及桶内传感器布置

1为玻璃纤维锚杆；10为方槽；11为压力传感器

步骤 4：根据试验需求配制不同膨胀剂掺量的水泥浆待用，如图 5.9（a）所示。

步骤 5：将锚杆居中，木板放入 PVC 管内，其短边沿 PVC 管半径方向，灌浆后立即将压力传感器与压力采集系统连接，如图 5.9（b）、（c）所示。

步骤 6：采集灌注不同膨胀剂掺量水泥浆后不同时间的应力数据，待终凝后对 PVC 管采用 CT 技术进行扫描，沿 PVC 管高度等距分成 15 层进行扫描，对每层分成 5 环进行扫描，如图 5.10 所示。

（a）配制膨胀水泥浆

（b）灌浆、放入木板

（c）压力传感器连接

图5.9　灌注膨胀水泥浆

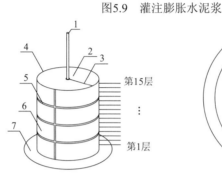
（a）CT扫描分层设计图

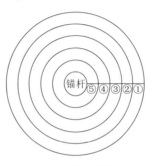
（b）每层分环设计图

（c）CT扫描分层图

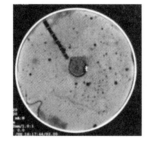
（d）每层分环定位图

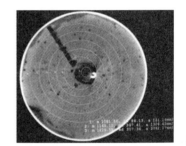
（e）每层分环图

图5.10　灌注后的PVC管扫描

1为玻璃纤维锚杆；2为普通水泥浆；3为长方形木片；4为PVC管；5为细软管；6为碳纤维布；7为木板

步骤 7：根据所采集的应力数据，绘制不同膨胀剂掺量的水泥浆压应力随时间的变化图像；同时根据同一时刻不同圈数与层数位置的 CT 值，绘制不同膨胀剂掺量的水泥浆的 CT 值随圈数与层数变化的图像，并分析其中的规律。将两个变化图像在时间上建立对应关系，研究膨胀水泥浆体在真实岩体中的膨胀机理及变化规律。

5.2.2　分层密实度−应力数据分析

1.锚固体膨胀机理试验压力数据分析

将配制的膨胀剂掺量为 10%的膨胀水泥浆灌注于多层碳纤维布包裹的 PVC 管中，

灌浆后立即将压力传感器与压力采集系统连接，采集①～⑤环的压力数据，采集 96 h，并绘制成曲线变化图，如图 5.11 所示。

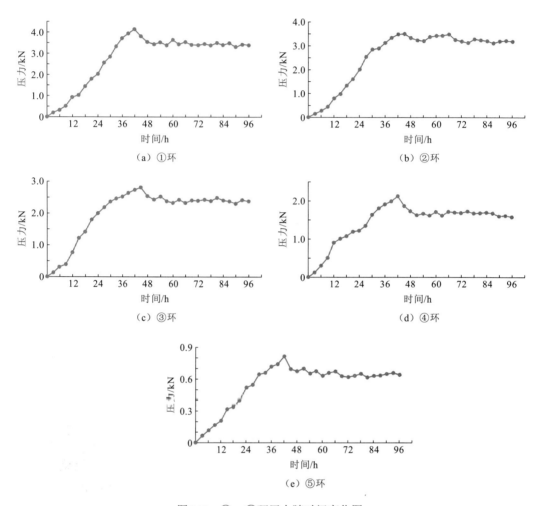

图5.11　①～⑤环压力随时间变化图

由图 5.11 可以看出，①～⑤环的压力均随着时间的延长而增大，均在 42 h 左右达到最大压力值，①环的压力稳定值达到 3.5 kN 左右，⑤环的压力稳定值为 0.65 kN，①～⑤环的压力稳定值呈逐渐减小的趋势，即在约束条件下，锚固体压力沿半径方向从内至外是逐渐增大的。

2. 锚固体膨胀机理 CT 数据分析

待膨胀水泥浆终凝后对 PVC 管采用 CT 技术进行扫描，在膨胀水泥浆终凝后扫描每一层中每一环对应的 CT 值，如表 5.2 所示。

表5.2　膨胀水泥浆CT仪扫描不同层和不同环对应的CT值

层数	锚杆层	CT 值				
		第①环	第②环	第③环	第④环	第⑤环
1	1 055.98	1 323.44	1 304.48	1 290.45	1 274.42	1 249.51
2	1 060.54	1 327.60	1 311.48	1 299.26	1 285.58	1 255.70
3	1 075.73	1 324.91	1 307.46	1 293.76	1 274.00	1 239.06
4	1 066.57	1 325.90	1 309.32	1 296.34	1 276.60	1 239.60
5	1 063.43	1 318.73	1 303.14	1 287.75	1 265.90	1 218.23
6	1 068.08	1 323.76	1 305.81	1 290.36	1 272.42	1 239.27
7	1 071.04	1 310.65	1 294.19	1 275.91	1 251.55	1 201.42
8	1 064.11	1 307.59	1 289.71	1 272.52	1 246.14	1 194.33
9	1 074.74	1 301.97	1 285.62	1 266.89	1 236.07	1 160.89
10	1 081.50	1 295.09	1 278.68	1 258.52	1 222.91	1 146.67
11	1 061.03	1 299.17	1 283.44	1 265.34	1 235.37	1 163.77
12	1 058.51	1 291.49	1 276.65	1 261.01	1 239.61	1 185.24
13	1 056.21	1 268.28	1 253.70	1 234.66	1 210.02	1 151.47
14	1 067.32	1 251.56	1 232.08	1 207.71	1 174.41	1 120.96
15	1 069.15	1 243.72	1 224.24	1 203.40	1 174.98	1 110.41

由图 5.12 和图 5.13 可知，在每一层横截面上，锚固体的密实度沿直径从内至外依次呈线性递增的变化规律，每一环底端至顶端密实度沿高度呈现线性递减变化规律，即每层横截面的锚固体与围岩界面压力是该层中最大的，同时受 PVC 管底端封口约束的影响，底端密实度大于顶端的密实度。

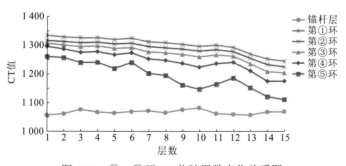

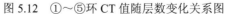

图 5.12　①～⑤环 CT 值随层数变化关系图

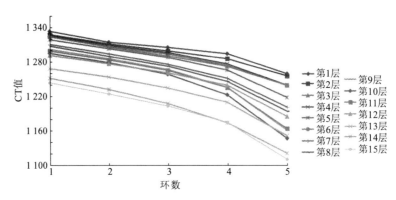

图5.13 第1～15层CT值随环数变化关系图

5.3 自膨胀锚固体力学机制分析

由 5.1 和 5.2 两节基于 CT 技术进行膨胀剂锚固体试验研究得出，相比于有约束条件下的大掺量膨胀剂锚固体密实度（CT值），无约束条件下大掺量膨胀剂锚固体密实度要小很多，随着膨胀剂掺量的增加，锚固体会出现裂缝，甚至散体的现象；在增加侧限条件下，不同掺量膨胀剂锚固体，在每一层横截面上，锚固体的密实度沿直径从内至外依次呈线性递增的变化规律，每一环底端至顶端密实度沿高度呈现线性递减变化规律，即锚固体出现密度分层现象，对此，本节从锚固体径向力学机制分析、环向力学机制分析、密度分层现象分析方面进行研究。

5.3.1 径向力学机制分析

由图 5.14 和图 5.15 可知径向静力平衡为 $M_1=M_2=\cdots=M_n$，即

$$\sigma_1 \cdot S_1=\sigma_2 \cdot S_2=\cdots=\sigma_n \cdot S_n \tag{5.1}$$

$$\frac{\sigma_1}{\sigma_n}=\frac{S_n}{S_1}=\frac{D_n}{D_1}=\lambda \tag{5.2}$$

式中：λ 为内外径向膨胀系数。

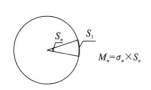

图5.14 内、外环圆弧面积示意图

S为圆弧面积；M为径向膨胀力

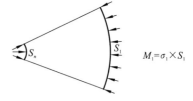

图5.15 内、外环圆弧单元体受力图

S为圆弧面积；M为径向膨胀力

因为 $S_1>S_2>\cdots>S_n$，所以 $\sigma_1<\sigma_2<\cdots<\sigma_n$，即内环所受径向力大于外环所受径向力。

5.3.2　环向力学机制分析

选取膨胀剂掺量为 10% 的锚固体为对象，将锚固体沿半径方向等距分成 5 环区域，如图 5.16 所示，并于每环布置 1 个压力传感器，监测锚固体终凝后每环稳定压力值，监测数据如图 5.17 所示。

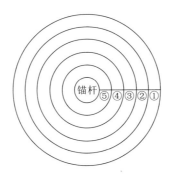

图 5.16　锚固体压力传感器布置图

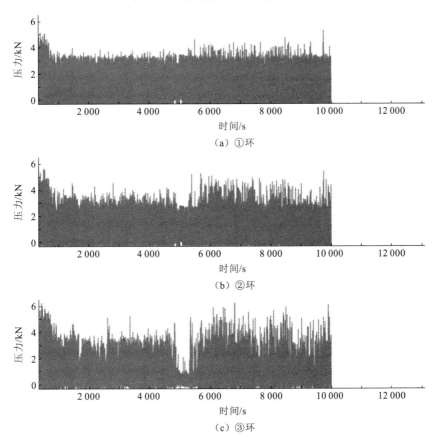

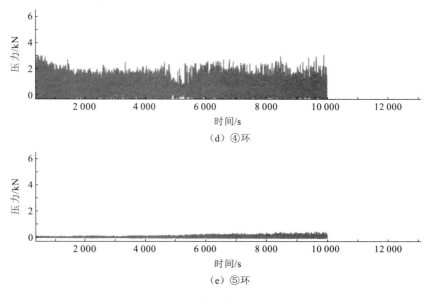

图5.17　①～⑤环压力图

由图 5.17 可知:

外环所受环向膨胀力大于内环所受环向膨胀力，即$F_1 \geqslant F_2$。

定义 $\dfrac{F_1}{F_n} = \mu$ 为环向膨胀系数，因为 $\mu \geqslant \lambda$，所以外环被挤密程度更大，锚固体更密实，即外环CT值比内环CT值大。

5.3.3　密度分层现象分析

由以上锚固体径向膨胀力分析、锚固体环向膨胀力分析可知，外环锚固体密实度更大，为进一步研究膨胀锚固体的锚固机理，从有约束力与无约束力两种条件进行分析，如图 5.18 所示。

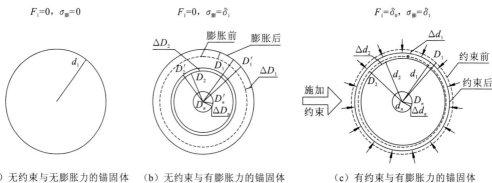

图5.18　锚固体环向受力示意图

图5.18（a）表示在无约束与无膨胀力条件下的锚固体，外界约束力F_1=0，膨胀力$\sigma_{膨}$=0，在此状态下CT扫描结果显示锚固体为均匀体，即锚固体各圈层CT值相近。

图5.18（b）表示在无约束及有膨胀力条件下的锚固体，F_1=0，$\sigma_{膨}$=δ_1。其中：δ_1为膨胀力；δ_0为约束力；ΔD_1，ΔD_2，ΔD_3，$\cdots$，ΔD_n为直径膨胀量，$\lim\limits_{n \to \infty} \Delta D_n = M$，$M$为常数。在此状态下CT扫描结果显示锚固体为均匀体，即锚固体各圈层CT值相近，但图5.18（b）CT值整体大于图5.18（a）。

图5.18（c）表示有约束及有膨胀力条件下的锚固体，F_1=δ_0，$\sigma_{膨}$=δ_1。其中：Δd_1，Δd_2，Δd_3，$\cdots$，Δd_n为施加约束后直径压缩量，$\Delta d_1 > \Delta d_2 > \Delta d_3 > \cdots > \Delta d_n$，且$\lim\limits_{n \to \infty} \Delta d_n = 0$，说明外环直径压缩量远大于内环直径压缩量，即$\Delta d_1 \gg \Delta d_n$为。这说明外环锚固体被挤压得更密实，故外环锚固体CT值大于内环。

基于以上分析，不同膨胀剂掺量锚固体外环比内环更密实，CT值更大；在侧限条件下，随着膨胀剂掺量的提高，外环压应力比内环更大，使锚固体外环比内环更加密实；该现象与手握紧海绵使手和海绵接触界面密实而海绵中间较为疏松的现象吻合，该机理解释了大掺量膨胀剂应用于锚杆支护，提高极限抗拔力的原因。

5.3.4　径、环向膨胀系数对比分析

针对上述试验的压力测试结果，对径向、环向膨胀系数进行对比，并给出具体算例进行说明。

由试验圈层划分得 $\lambda = \dfrac{\sigma_1}{\sigma_5} = \dfrac{D_5}{D_1} = \dfrac{0.5}{2.5} = \dfrac{1}{5}$，所以 $5\sigma_5 = 5\sigma_1$；由试验结果得出 $\mu = \dfrac{F_1}{F_5} = \dfrac{3.5}{0.1} = 35$，所以 $F_1 = 35F_5$。故自膨胀锚固体发挥膨胀效应后，内外环受力示意图如图5.19、图5.20所示。

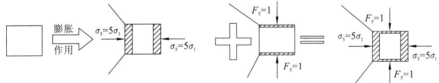

径向压缩面积（阴影面积）：
$S_1 = l_{环} \times \Delta l_{径向压缩}$

环向压缩面积（阴影面积）：
$S_2 = l_{径} \times \Delta l_{环向压缩}$

双向压缩面积（阴影面积）：
$\Delta S = S_1 + S_2 - \Delta l_{径向压缩} \times \Delta l_{环向压缩}$

（a）仅考虑径向膨胀力的
内环受力状态

（b）仅考虑环向膨胀力的
内环受力状态

（c）考虑径向、环向膨胀力
的内环受力状态

图5.19　内环受力示意图

由图5.19、图5.20可知：

内环压缩面积为

$$\Delta S = S_1 + S_2 - \Delta l_{径向压缩} \cdot \Delta l_{环向压缩}$$

$$= l_{环} \cdot \Delta l_{径向压缩} + l_{径} \cdot \Delta l_{环向压缩} - \Delta l_{径向压缩} \cdot \Delta l_{环向压缩} \tag{5.3}$$

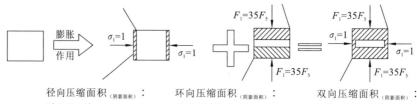

径向压缩面积（阴影面积）：
$S'_1 = l_环 \times \Delta l'_{径向压缩}$

环向压缩面积（阴影面积）：
$S'_2 = l_径 \times \Delta l'_{环向压缩}$

双向压缩面积（阴影面积）：
$\Delta S' = S'_1 + S'_2 - \Delta l_{径向压缩} \times \Delta l'_{环向压缩}$

（a）仅考虑径向膨胀力的
外环受力状态

（b）仅考虑环向膨胀力的
外环受力状态

（c）考虑径向、环向膨胀力
的外环受力状态

图5.20 外环受力示意图

$l_环$ 为单元体环向长度；$\Delta l_{径向压缩}$ 为单元体径向长度；$\Delta l'_{径向压缩}$ 为外环单元体径向压缩长度

外环压缩面积为

$$\Delta S' = S'_1 + S'_2 - \Delta l'_{径向压缩} \cdot \Delta l'_{环向压缩}$$
$$= l_环 \cdot \Delta l'_{径向压缩} + l_径 \cdot \Delta l'_{环向压缩} - \Delta l'_{径向压缩} \cdot \Delta l'_{环向压缩} \quad (5.4)$$

因为环向膨胀系数 $\mu = \dfrac{F_1}{F_5} = 35$，径向膨胀系数 $\lambda = \dfrac{\sigma_1}{\sigma_5} = \dfrac{1}{5}$，所以 $\Delta l_{径向压缩} = 5\Delta l'_{径向压缩}$，

$\Delta l'_{环向压缩} = 35\Delta l_{环向压缩}$，将其代入式（5.3）和式（5.4）得如下关系式。

内外环压缩面积之差为

$$\Delta S' - \Delta S = S'_1 + S'_2 - \Delta l'_{径向压缩} \cdot \Delta l'_{环向压缩}$$
$$= -\left(S_1 + S_2 - \Delta l_{径向压缩} \cdot \Delta l_{环向压缩}\right) \quad (5.5)$$
$$= 34 l_径 \cdot \Delta l_{环向压缩} - \frac{4}{5} l_环 \cdot \Delta l_{径向压缩} - 6\Delta l_{径向压缩} \cdot \Delta l_{环向压缩}$$

又取 $l_径 = l_环 = 1$，所以单位应变

$$k_1 = k_2 = \frac{\Delta l_{径向压缩}}{l_径} = \frac{\Delta l_{环向压缩}}{l_环}$$
$$= \Delta l_{径向压缩} = \Delta l_{环向压缩} \ll 10^{-2}$$

代入式（5.5）得

$$\Delta S' - \Delta S = 34 l_径 \cdot \Delta l_{环向压缩} - \frac{4}{5} l_环 \cdot \Delta l_{径向压缩} - 6\Delta l_{径向压缩} \cdot \Delta l_{环向压缩}$$
$$= \frac{166}{5} k_1 - 6 k_1^2 \quad (5.6)$$
$$= 6\left[-\left(k_1 - \frac{83}{30}\right)^2 + \left(\frac{83}{30}\right)^2\right] \gg 0$$

由式（5.6）可知，膨胀作用后锚固体外环压缩面积 $\Delta S' \gg$ 内环压缩面积 ΔS，进一步验证膨胀锚固体同一层面密实度呈现分环现象，且密实度从外环区域至内环区域呈线性渐降的变化规律。

5.4　本　章　小　结

本章的研究目的在于对不同掺量膨胀剂的自膨胀锚固体径向压密程度变化规律进行研究，采用的是一种对岩石进行层进式损伤分析的方法（发明专利号：201610597318.1）。采用 CT 技术对不同掺量的膨胀水泥浆体进行研究，测得不同掺量膨胀水泥浆体径向压实程度变化规律，进而从力学的角度给出不同掺量膨胀水泥浆锚固机理，得到如下结论：

（1）约束条件下，自膨胀锚固体径向压密程度随着膨胀剂掺量的增大而呈线性增大趋势；而在无约束下，自膨胀锚固体密实度较零掺量锚固体密实度增大量较少；在同一扫描层中，零掺量锚固体的密实度从内环至外环密实度几乎相等，而自膨胀锚固体的密实度从内环至外环均是逐渐增大的。

（2）提出一种用 CT 技术扫描分析不同掺量膨胀剂锚固体膨胀机制的方法（发明专利号：201711460137.5），解决了 CT 技术扫描中因金属的存在产生伪影的问题，同时在不解除应力的条件下，对整个锚固体进行 CT 技术扫描，以此得到在具有应力条件下自膨胀锚固体密实度的时空演化规律。

（3）在约束条件下，同一横截面上锚固体的密实度沿半径从内至外依次呈线性递增趋势，锚固体压力沿半径方向从内至外呈递增趋势，两者相互证明了锚固体密实度与压力变化的关系；在侧限下，随着膨胀剂掺量的提高，外环压应力比内环更大，使锚固体外环比内环更加密实。阐释了大掺量膨胀剂应用于锚杆支护，提高极限抗拔力的原因。

第 6 章

高强预压作用下锚杆应力分布规律

6.1　传统锚杆应力计算公式

锚杆的传力作用，是指锚杆在外部荷载作用下如何将力通过杆体传递到锚固体及深层围岩中，从而保证表层及浅部岩土体的整体稳定性，这也是锚杆发挥工程作用的最重要最基本的原理。因此，锚杆的传力分析研究是锚杆技术应用研究的重要环节。伴随着锚杆技术的产生及发展，其荷载传递函数一直是国内外学者研究的热门话题，更好地了解锚杆传力规律有助于我们有针对性地改进锚固技术，使锚杆更好地发挥作用。本章基于适用于全长黏结型锚杆的半无限空间 Mindlin 位移解等已有计算理论，结合 4.1 节中的拉拔试验数据，提出适用于膨胀水泥浆锚固体的锚杆剪应力、轴力计算公式。由试验实测数据及相关文献可知，锚杆剪应力分布在不同荷载作用下规律不同，可按拉拔荷载的大小分为两种分布规律，根据试验经验，当拉拔荷载小于 100 kN 时，剪应力符合较小荷载下的分布规律，当拉拔荷载大于 100 kN 时，剪应力符合较大荷载下的分布规律。

由图 6.1、图 6.2 可知，锚杆在拉拔试验中主要受轴向拉拔荷载、锚杆剪应力及膨胀压力作用，为便于计算，只考虑锚杆单元水平方向受力，即轴向应力与界面剪应力平衡。

$$A_1 \mathrm{d}\sigma_\mathrm{b} = -\tau_\mathrm{b} \pi d_\mathrm{b} \mathrm{d}x \qquad (6.1)$$

式中：A_1 为锚杆横截面积；d_b 为锚杆直径；σ_b 为锚杆正应力；τ_b 为锚杆与浆体间接触的剪应力。

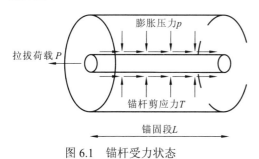

图 6.1　锚杆受力状态　　　　　　图 6.2　锚杆单元水平方向受力

基于上述受力及剪应力与轴力关系开展本章相关研究。

6.1.1　滑脱后锚杆应力计算公式

尤春安[56]假定锚固体与围岩为性质相同的弹性材料，岩体视为半无限平面，则在平面半空间深度 c_0 处作用的抗拔力 P_2 在 $B(x, y, z)$ 处的垂直位移为

$$W = \frac{P_2(1+\mu_0)}{8\pi E_0(1-\mu_0)}\left[\frac{3-4\mu_0}{R_1} + \frac{8(1-\mu_0)^2-(3-4\mu_0)}{R_2} + \frac{(z-c_0)^2}{R_1^3} + \frac{(3-4\mu_0)(z+c_0)-2c_0z}{R_2^3} + \frac{6cz(z+c_0)^2}{R_2^5}\right]$$

$$(6.2)$$

式中：E_0、μ_0 为围岩的弹性模量与泊松比；$R_1 = \sqrt{x^2+y^2+(z-c_0)^2}$；$R_2 = \sqrt{x^2+y^2+(z+c_0)^2}$。

当为临空面时，$x = y = z = 0$，式（6.2）化简为

$$W = \frac{P(1+\mu_0)(3-2\mu_0)}{2\pi E_0 c_0}。$$

假设岩土体中锚杆为半无限长，锚杆与锚固体之间的变形属于弹性变形，则在临空面处，岩土体的位移值与杆体总伸长量相等：

$$\int_0^\infty \frac{(3-2\mu_0)a}{2G} \cdot \frac{\tau}{z} \mathrm{d}z = \int_0^\infty \frac{1}{E_1 A_1} \left(P_1 - 2\pi a \int \tau \mathrm{d}z \right) \mathrm{d}z \tag{6.3}$$

式中：G 为剪切模量；E_1 为杆体的弹性模量。

对式（6.3）求导，并通过代换得出常系数二阶微分方程，然后通过适当变换，使当代入边界条件 $z \to \infty$ 时，$\tau = 0$，最终解得锚杆沿杆体的剪应力分布规律：

$$\tau(x) = \frac{P_1}{\pi a} x \frac{t}{2} \exp\left(\frac{-t}{2} x^2 \right) \tag{6.4}$$

对式（6.4）在 0 到无穷大上积分得在抗拔力 P_1 作用下，锚杆轴力在锚杆杆体上的分布规律：

$$N = P_1 \times \exp\left(\frac{-t}{2} x^2 \right) \tag{6.5}$$

式中：$t = \dfrac{1}{(1+\mu_0)(3-2\mu_0)a^2} \left(\dfrac{E_0}{E_a} \right)$；$E_0$、$\mu_0$ 分别为围岩的弹性模量和泊松比；a 为锚杆杆体半径；E_a 为锚杆体的弹性模量；P_1 为锚杆所受的拉拔力。

6.1.2 滑脱前锚杆应力计算公式

由前期实测应变计算得到的剪应力显示，锚杆剪应力随锚固长度的变化并不是单一函数关系，而是与拉拔荷载等级有关的。张欣[84]通过理论推导得到了相同的结论，并提出了较小荷载下锚杆剪应力计算公式：

$$\tau(x) = \frac{\alpha}{2} \sigma_{b0} \mathrm{e}^{\frac{-2\alpha x}{d_b}} \tag{6.6}$$

其中，

$$\alpha^2 = \frac{2 G_r G_g}{E_a \left[G_r \ln\left(\dfrac{d_g}{d_b} \right) + G_g \ln\left(\dfrac{d_o}{d_g} \right) \right]}, \quad G_r = \frac{E_r}{2(1+\mu_0)}, \quad G_g = \frac{E_g}{2(1+\mu_g)}$$

式中：σ_{b0} 为加载点锚杆的轴向应力；E_a 为锚杆的弹性模量；E_r 为岩体的弹性模量；E_g 为浆体的弹性模量；μ_0 为围岩的泊松比；μ_g 为浆体的泊松比；d_b 为锚杆的直径；d_g 为钻孔直径；d_o 为锚杆影响区域的半径。

6.2　高强预压作用下锚杆应力预测公式建立

提出适用于自膨胀锚固体的锚杆剪应力、轴力预测公式是因为膨胀剂的添加使锚固体内产生了界面正应力，这导致了锚杆、锚固体、围岩三个主体及其间的两个界面的受力发生了变化。因此，适用于普通砂浆锚固体的锚杆剪应力、轴力预测公式并不适用于膨胀水泥浆，提出一套适用于自膨胀锚固技术的锚杆剪应力与轴力预测公式显得尤为重要。当然，需要承认的是，本书中公式的提出是基于三个已有公式，以试验实测数据拟合反演计算参数得到的，与实测值吻合度较高，但并没有从弹性力学受力分析的角度进行推导，这也是未来的理论研究方向。

6.2.1　滑脱后锚杆应力预测公式建立

从自膨胀锚固体提高锚杆抗拔力的作用原理出发，引入计算参数。自膨胀锚固技术能使抗拔力大幅提高，因此在原有公式中的抗拔力 P 前添加膨胀参数 K_1；锚固体内部存在膨胀压力，因此相比于普通水泥浆锚固体，自膨胀锚固体中，锚杆滑移段发生变化，故引入滑移参数 K_2；锚固体的膨胀压力同样作用于围岩，因此锚固体与围岩的弹性模量及泊松比会发生相应变化，故引入变形修正参数 K_3。加入修正参数后的公式为

$$\tau(x) = \frac{K_1 P_2}{\pi a}(x + K_2)\frac{t}{2}\exp\left[-\frac{K_3 t}{2}(x + K_2)^2\right] \tag{6.7}$$

式中：P_2 为锚杆抗拔力。

将已知数据 $E_0 = 12\,000$ MPa，$E_a = 210\,000$ MPa，$\mu_0 = 0.3$，$a = 14$ mm 代入式（6.7）后可得

$$\tau(x) = 1.48796 E_0 - 0.6 K_1 P_2 (x + K_2)\exp\left[-4.6722 E_0 - 0.5 K_3 (x + K_2)^2\right] \tag{6.8}$$

将式（6.8）所代表的函数在 MATLAB 中以试验实测数据进行拟合，根据最小二乘法基本原理，使试验数据点到函数曲面的距离的平方和最小，得出所求的 K_1、K_2、K_3 值。

计算采用的试验实测数据如表 6.1～表 6.3 所示。

表 6.1　10%膨胀剂掺量荷载实测数据

102 kN		120 kN		140 kN		151 kN	
x/mm	$\tau(x)$/MPa	x/mm	$\tau(x)$/MPa	x/mm	$\tau(x)$/MPa	x/mm	$\tau(x)$/MPa
40	1.12	40	1.37	40	1.57	40	1.75
80	1.45	80	1.57	80	2.14	80	2.32
120	1.63	120	1.93	120	2.53	120	2.92
160	1.36	160	1.43	160	1.87	160	2.01
200	1.25	200	1.23	200	1.53	200	1.62

102 kN		120 kN		140 kN		151 kN	
x/mm	$\tau(x)$/MPa	x/mm	$\tau(x)$/MPa	x/mm	$\tau(x)$/MPa	x/mm	$\tau(x)$/MPa
240	1.07	240	1.20	240	1.40	240	1.56
280	0.85	280	0.97	280	1.27	280	1.43
320	0.73	320	0.93	320	1.11	320	1.28
360	0.63	360	0.70	360	1.05	360	1.15
400	0.50	400	0.61	400	0.76	400	0.99

表 6.2　20%膨胀剂掺量荷载实测数据

107 kN		122 kN	
x/mm	$\tau(x)$/MPa	x/mm	$\tau(x)$/MPa
40	1.23	40	1.37
80	1.58	80	1.77
120	1.20	120	1.33
160	1.11	160	1.23
200	0.98	200	1.20
240	0.93	240	1.10
280	0.70	280	0.97
320	0.58	320	0.83
360	0.46	360	0.70
400	0.34	400	0.61

表 6.3　30%膨胀剂掺量荷载实测数据

119 kN		139 kN		146 kN	
x/mm	$\tau(x)$/MPa	x/mm	$\tau(x)$/MPa	x/mm	$\tau(x)$/MPa
40	1.37	40	1.57	40	1.75
80	1.57	80	2.14	80	2.32
120	1.93	120	2.53	120	2.92
160	1.43	160	1.87	160	2.01
200	1.23	200	1.53	200	1.62
240	1.20	240	1.40	240	1.56
280	0.97	280	1.27	280	1.43
320	0.93	320	1.11	320	1.28
360	0.70	360	1.05	360	1.15
400	0.61	400	0.76	400	0.99

三种膨胀剂掺量对应的 MATLAB 计算云图如图 6.3 所示。

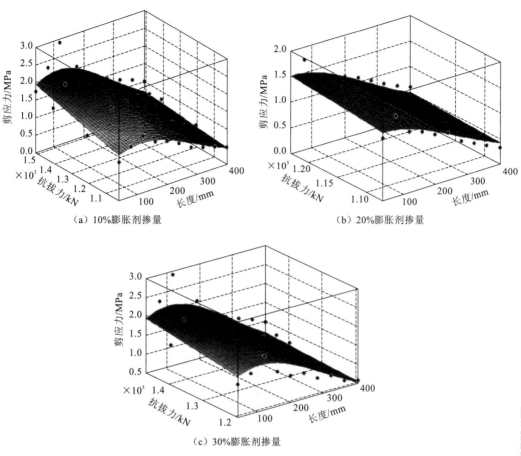

（a）10%膨胀剂掺量　　　　　　　　　　（b）20%膨胀剂掺量

（c）30%膨胀剂掺量

图 6.3　不同膨胀剂掺量计算云图

图 6.3 中蓝色散点表示试验数据点，曲面为函数空间曲面，由图 6.3 可知，蓝色散点较均匀地分布在曲面两侧，可见拟合较为精确。

MATLAB 计算求得的结果的精度保证在 95%，不同膨胀剂掺量对应的 K_1、K_2、K_3 如表 6.4 所示。

表6.4　所求 K_1、K_2、K_3 值

膨胀剂掺量 / %	K_1	K_2	K_3
10	0.351 340	−11.055 987	0.182 095
20	0.318 800	−16.338 181	0.179 445
30	0.277 490	−19.914 327	0.135 590

分析表 6.4 可知，不同膨胀剂掺量的修正参数之间存在一定的变化规律。从膨胀参数 K_1 可以看出，不同膨胀剂掺量下 K_1 均小于 1，即锚固长度范围内剪应力较未添加膨胀剂更小，这主要是因为锚固体内部界面正应力的产生，使轴力沿杆长向内部传递的能

力降低，剪应力主要集中在前端，尽管前端剪应力较不添加膨胀剂而言有所提高，但整体而言剪应力降低，且这种现象随膨胀剂掺量的增加而加剧，即 K_1 随膨胀剂掺量的增加而减小。由于滑移参数 K_2 为负值，可以判断较普通水泥浆锚固体而言，剪应力峰值右移，即向锚固体深部移动，其中以 30%膨胀剂掺量表现得最为明显。观察变形修正参数 K_3 可知，其随膨胀剂掺量的增加而降低，膨胀水泥浆锚固体对围岩影响不大，考虑其膨胀作用，推断锚固体与围岩被压紧，变得密实。

由此得到 10%、20%、30%三种膨胀剂掺量下，膨胀水泥浆锚杆剪应力预测公式。

10%膨胀剂掺量：

$$\tau(x)=\frac{0.35P_2}{\pi a}(x-11)\frac{t}{2}\exp\left[-\frac{0.18t}{2}(x-11)^2\right] \tag{6.9}$$

20%膨胀剂掺量：

$$\tau(x)=\frac{0.31P_2}{\pi a}(x-16)\frac{t}{2}\exp\left[-\frac{0.17t}{2}(x-16)^2\right] \tag{6.10}$$

30%膨胀剂掺量：

$$\tau(x)=\frac{0.27P_2}{\pi a}(x-19)\frac{t}{2}\exp\left[-\frac{0.13t}{2}(x-19)^2\right] \tag{6.11}$$

为验证预测公式的可行性，现对拉拔试验数据与计算值进行对比，每种膨胀剂掺量选取两个荷载下公式计算值与实测值的剪应力随锚固长度的变化曲线，如图 6.4 所示。

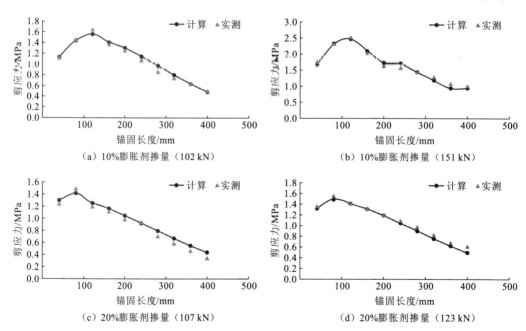

（a）10%膨胀剂掺量（102 kN）　　　　（b）10%膨胀剂掺量（151 kN）

（c）20%膨胀剂掺量（107 kN）　　　　（d）20%膨胀剂掺量（123 kN）

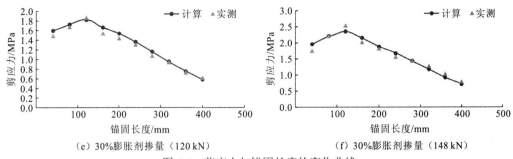

（e）30%膨胀剂掺量（120 kN）　　　　　　（f）30%膨胀剂掺量（148 kN）

图 6.4　剪应力与锚固长度的变化曲线

由图 6.4 可看出，当拉拔荷载较大时，根据修正公式计算得到的锚杆剪应力与实测数据得到的锚杆剪应力吻合度较高，证明了该公式的可行性。但同样注意到的是，在剪应力峰值处与最深处的剪应力与剪应力峰值往往存在偏差，这主要是因为锚固系统中主体与界面之间的复杂性，导致试验数据本身存在一定程度的离散性，类似于剪应力峰值这种较为极端点的数据间偏差较大。换言之，图 6.4 中的偏差也有可能是试验数据的误差导致的。准确获取试验数据也是今后研究工作的重点之一。

由 6.1 节中 Mindlin 解可知，对剪应力在 0 到无穷大上积分即可得到对应的轴力预测公式。因此，对式（6.7）积分可得对应较大荷载下锚杆轴力预测公式。

$$N = \frac{K_1}{K_3} P_2 \mathrm{e}^{-\frac{K_3 t}{2}(x+K_2)^2}$$　　　　　　（6.12）

相应地，三种膨胀剂掺量对应的轴力预测公式如下。

10%膨胀剂掺量：

$$N = \frac{0.35}{0.18} P_2 \mathrm{e}^{-\frac{0.18 t}{2}(x+11)^2}$$　　　　　　（6.13）

20%膨胀剂掺量：

$$N = \frac{0.31}{0.17} P_2 \mathrm{e}^{-\frac{0.17 t}{2}(x-16)^2}$$　　　　　　（6.14）

30%膨胀剂掺量：

$$N = \frac{0.27}{0.13} P_2 \mathrm{e}^{-\frac{0.13 t}{2}(x-19)^2}$$　　　　　　（6.15）

为验证该公式的可靠性，将实测数据与该公式计算结果进行对比，以膨胀剂掺量 10% 为例，如图 6.5 所示。

由图 6.5 可看出，当拉拔荷载较大时，根据修正公式计算得的锚杆轴力与实测数锚杆轴力吻合度较高，证明了该公式的准确性。

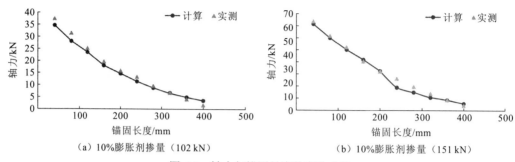

（a）10%膨胀剂掺量（102 kN）　　　（b）10%膨胀剂掺量（151 kN）

图 6.5　轴力与锚固长度的变化曲线

6.2.2　滑脱前锚杆应力预测公式建立

从膨胀水泥浆锚固体提高锚杆抗拔力的作用原理出发，引入修正参数。膨胀水泥浆锚固技术能使抗拔力大幅提高，因此在原有公式中的荷载 P 前添加膨胀参数 K_1；锚固体内部存在膨胀压力，因此相比于普通水泥浆锚固体，膨胀水泥浆锚固体中，锚杆滑移段发生变化，故引入滑移参数 K_2；锚固体的膨胀压力同样作用于围岩，因此锚固体与围岩的弹性模量及泊松比会发生相应变化，故引入变形修正参数 K_3。

加入修正参数后的公式为

$$\tau(x) = K_1 \frac{\alpha}{2} \sigma_{b0} e^{K_3 \frac{-2\alpha(x+K_2)}{d_b}} \tag{6.16}$$

将 E_g =30 000 MPa，E_r =12 000 MPa，E_b =210 000 MPa，μ_r =0.3，μ_g =0.25，d_b =28 mm，d_g =40 mm，d_0 =1 000 mm 代入后可得

$$\tau(x) = K_1 0.057222199 \sigma_{b0} e^{-0.0081746 K_3 (x-K_2)} \tag{6.17}$$

将式（6.17）所代表的函数在 MATLAB 中以试验实测数据进行拟合，根据最小二乘法基本原理，使试验数据点到函数曲面的距离的平方和最小，得出所求的 K_1、K_2、K_3 值。

计算采用的试验实测数据如表 6.5～表 6.7 所示。

表 6.5　10%膨胀剂掺量下实测数据

23 kN		44 kN		69 kN		83 kN	
x / mm	$\tau(x)$ / MPa	x / mm	$\tau(x)$ / MPa	x / mm	$\tau(x)$ / MPa	x / mm	$\tau(x)$ / MPa
40	0.83	40	1.17	40	1.24	40	1.45
80	0.59	80	1.10	80	1.21	80	1.33
120	0.47	120	0.87	120	0.91	120	1.10
160	0.44	160	0.77	160	0.83	160	0.90
200	0.41	200	0.67	200	0.69	200	0.82
240	0.35	240	0.54	240	0.61	240	0.74
280	0.29	280	0.45	280	0.47	280	0.61
320	0.25	320	0.31	320	0.35	320	0.46
360	0.16	360	0.27	360	0.32	360	0.35
400	0.13	400	0.18	400	0.22	400	0.33

表 6.6　20%膨胀剂掺量下实测数据

21 kN		29 kN		57 kN		82 kN	
x/mm	$\tau(x)/MPa$	x/mm	$\tau(x)/MPa$	x/mm	$\tau(x)/MPa$	x/mm	$\tau(x)/MPa$
40	0.63	40	0.83	40	1.17	40	1.45
80	0.59	80	0.69	80	1.10	80	1.29
120	0.47	120	0.50	120	0.87	120	1.00
160	0.44	160	0.47	160	0.77	160	0.90
200	0.41	200	0.43	200	0.67	200	0.82
240	0.34	240	0.37	240	0.54	240	0.74
280	0.31	280	0.29	280	0.45	280	0.61
320	0.25	320	0.25	320	0.31	320	0.56
360	0.14	360	0.16	360	0.27	360	0.44
400	0.13	400	0.15	400	0.18	400	0.33

表 6.7　30%膨胀剂掺量下实测数据

13 kN		35 kN		60 kN		89 kN	
x/mm	$\tau(x)/MPa$	x/mm	$\tau(x)/MPa$	x/mm	$\tau(x)/MPa$	x/mm	$\tau(x)/MPa$
40	0.15	40	0.86	40	1.24	40	1.45
80	0.15	80	0.77	80	1.21	80	1.33
120	0.13	120	0.61	120	0.91	120	1.10
160	0.11	160	0.49	160	0.83	160	0.90
200	0.09	200	0.43	200	0.69	200	0.72
240	0.08	240	0.41	240	0.61	240	0.74
280	0.07	280	0.31	280	0.47	280	0.61
320	0.03	320	0.27	320	0.35	320	0.46
360	0.01	360	0.21	360	0.32	360	0.35
400	0.00	400	0.17	400	0.22	400	0.33

三种膨胀剂掺量对应的 MATLAB 计算云图如图 6.6 所示。

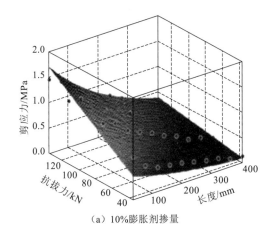

（a）10%膨胀剂掺量

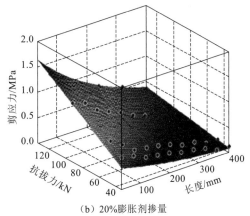

（b）20%膨胀剂掺量

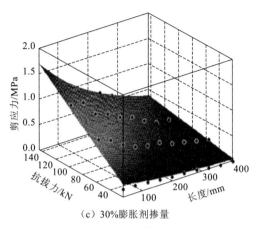

（c）30%膨胀剂掺量

图 6.6　不同膨胀剂掺量计算云图

图 6.6 中蓝色散点表示试验数据点，曲面为函数空间曲面，由图 6.6 可知，蓝色散点较均匀地分布在曲面两侧，可见拟合较为精确。

MATLAB 计算求得的结果的精度保证在 95% 下，不同膨胀剂掺量对应的 K_1、K_2、K_3 如表 6.8 所示。

表6.8　所求K_1、K_2、K_3值

膨胀剂掺量／%	K_1	K_2	K_3
10	0.269 437	-9.288 261	0.511 275
20	0.265 541	-9.288 379	0.485 016
30	0.252 816	-9.287 827	0.509 811

分析表 6.8 可知，不同膨胀剂掺量的修正参数之间存在一定的变化规律。从膨胀参数 K_1 可以看出，不同膨胀剂掺量下 K_1 均小于 1，即锚固长度范围内剪应力较未添加膨胀剂更小，这主要是因为锚固体内部界面正应力的产生，使轴力沿杆长向内部传递的能力降低，剪应力主要集中在前端，尽管前端剪应力较不添加膨胀剂而言有所提高，但整体而言剪应力降低，较小荷载下，不同膨胀剂掺量间膨胀参数变化不大，但与较大荷载下的 K_1 相比较小。由于滑移参数 K_2 为负值，可以判断较普通水泥浆锚固体而言，剪应力峰值右移，即向锚固体深部移动，但与较大荷载下滑移距离相比较小。观察变形修正参数 K_3 可知，在较小荷载下膨胀水泥浆锚固体对围岩影响不大，考虑其膨胀作用，推断锚固体与围岩被压紧，变得密实。整体看来，较小荷载作用下，不同膨胀剂掺量间 K_1、K_2、K_3 三个参数变化不大，为方便计算，可取平均值将预测公式简化为不随膨胀剂掺量变化的单一公式。

由此得到 10%、20%、30% 三种膨胀剂掺量下，膨胀水泥浆锚杆剪应力预测公式。

10%膨胀剂掺量：

$$\tau(x) = 0.27 \frac{\alpha}{2} \sigma_{b0} \mathrm{e}^{0.51 \frac{-2\alpha(x-9.29)}{d_\mathrm{b}}} \tag{6.18}$$

20%膨胀剂掺量：

$$\tau(x) = 0.27\frac{\alpha}{2}\sigma_{b0}\mathrm{e}^{0.49\frac{-2\alpha(x-9.29)}{d_b}} \tag{6.19}$$

30%膨胀剂掺量：

$$\tau(x) = 0.25\frac{\alpha}{2}\sigma_{b0}\mathrm{e}^{0.51\frac{-2\alpha(x-9.29)}{d_b}} \tag{6.20}$$

为验证预测公式的可行性，现对拉拔试验数据与计算值进行对比，每种膨胀剂掺量选取三个荷载下公式计算值与实测值的剪应力随锚固长度的变化曲线，如图 6.7 所示。

由图 6.7 可看出，当拉拔荷载较小时，根据修正公式计算得到的锚杆剪应力与实测数据得到的锚杆剪应力吻合度较高，证明了该公式的可行性。

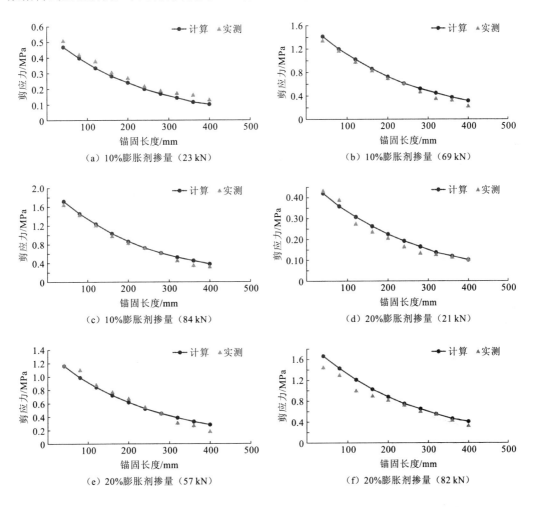

（a）10%膨胀剂掺量（23 kN）　　　　（b）10%膨胀剂掺量（69 kN）

（c）10%膨胀剂掺量（84 kN）　　　　（d）20%膨胀剂掺量（21 kN）

（e）20%膨胀剂掺量（57 kN）　　　　（f）20%膨胀剂掺量（82 kN）

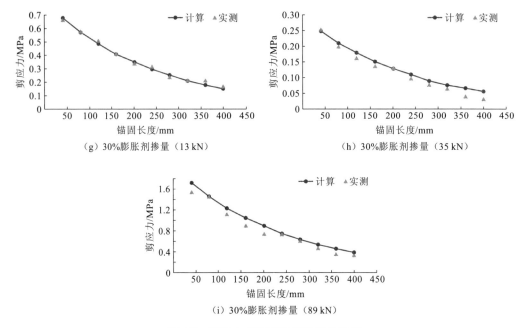

图 6.7　剪应力与锚固长度的变化曲线

与 6.2.1 节相同，对剪应力在 0 到无穷大上积分，然后乘以环向周长，即可得到锚杆轴力公式：

$$N = \pi d_b \int \tau(x)\mathrm{d}x = \frac{K_1}{4K_3}\pi d_b{}^2 \sigma_{b0}\mathrm{e}^{\frac{-2K_3\alpha(x+K_2)}{d_b}} \tag{6.21}$$

相应地，三种膨胀剂掺量对应的较小荷载下的轴力预测公式如下。

10%膨胀剂掺量：

$$N = \frac{0.27}{4\times 0.51}\pi d_b^2 \sigma_{b0}\mathrm{e}^{\frac{-2\times 0.51\alpha(x-9.29)}{d_b}} \tag{6.22}$$

20%膨胀剂掺量：

$$N = \frac{0.27}{4\times 0.49}\pi d_b^2 \sigma_{b0}\mathrm{e}^{\frac{-2\times 0.49\alpha(x-9.29)}{d_b}} \tag{6.23}$$

30%膨胀剂掺量：

$$N = \frac{0.25}{4\times 0.51}\pi d_b^2 \sigma_{b0}\mathrm{e}^{\frac{-2\times 0.51\alpha(x-9.29)}{d_b}} \tag{6.24}$$

为验证该公式的可靠性，将实测数据与该公式计算结果进行对比，以膨胀剂掺量 10% 为例，如图 6.8 所示。

由图 6.8 可看出，当拉拔荷载较小时，根据修正公式计算得到的锚杆轴与实测数据得到的锚杆轴吻合度较高，证明了该公式的可准确性。

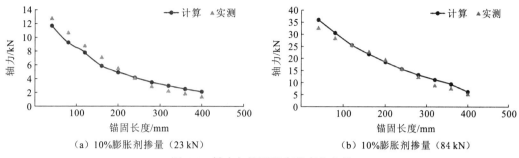

（a）10%膨胀剂掺量（23 kN）　　　　　（b）10%膨胀剂掺量（84 kN）

图 6.8　轴力与锚固长度的变化曲线

6.3　本章小结

　　本章针对自膨胀锚固体内锚杆的受力及抗拔力效果，提出 K_1、K_2、K_3 三个计算参数。基于已有普通水泥浆锚固体锚杆轴力、剪应力理论预测公式，结合拉拔试验实测轴力、剪应力结果，采用 MATLAB，对不同膨胀剂掺量对应的轴力、剪应力进行拟合，得到较大及较小荷载下膨胀参数 K_1、滑移参数 K_2、变形修正参数 K_3 的变化规律，建立适用于自膨胀锚固体的锚杆轴力、剪应力预测公式。并将公式计算得到的锚杆轴力、剪应力与实测数据进行对比，吻合度较高。

　　较小荷载下与较大荷载下计算参数随膨胀剂掺量变化规律大致相同：

　　（1）不同膨胀剂掺量下膨胀参数 K_1 均小于 1，且 K_1 随膨胀剂掺量的增加而减小。

　　（2）滑移参数 K_2 为负值，因此可以判断较普通水泥浆锚固体而言，剪应力峰值右移，即向锚固体深部移动，其中以 30%膨胀剂掺量表现得最为明显。

　　（3）变形修正参数 K_3 随膨胀剂掺量的增加而降低，膨胀水泥浆锚固体对围岩影响不大，考虑其膨胀作用，推断锚固体与围岩被压紧，变得密实。

　　为方便计算，可通过取平均值将预测公式简化为不随膨胀剂掺量变化的单一公式。

第 7 章

高强预压作用下锚固体长期稳定性试验

7.1 锚固体膨胀力时间效应试验

本节以三种不同壁厚的 20 号高强度无缝钢管作为试验载体，用不同壁厚钢管模拟不同刚度条件下的岩体进行岩体锚固试验研究，获得不同刚度岩体下锚固体密实度的变化规律。作为膨胀水泥浆体膨胀约束条件，自膨胀锚固体所产生的膨胀压力不会使钢管自身发生塑性变形，因此可通过监测钢管体外径的收缩情况，来反映锚固体体积的变化关系；同时在钢管内壁与锚固体间布置压力传感器，采用千分尺测量钢管外径，通过压力采集系统长期监测自膨胀锚固体与钢管间的挤压力大小、钢管外径随时间的变化关系，最终反映自膨胀锚固体的体积稳定性。

7.1.1 试验方案

具体操作步骤如下：

（1）选取壁厚 3 mm、5 mm、8 mm 的 20 号无缝钢管，将壁厚分别为 3 mm、5 mm、8 mm 的 20 号无缝钢管各自切割成五根长度为 40cm 钢管，切割完成后使用打磨机将切口处打磨平整，并在距离两顶端 10 cm 处和中间段圆截面上"两直径垂直于钢管表面交点"处作标记，将压力传感器布置于钢管中间段内壁上；在试验前，使用精度为 3 μm 的电子数显千分尺分别对切割完成的 20 号钢管进行内外径测量并对钢管编号，将测量数据作为试验前对照数据记录，如图 7.1 所示。

（a）钢管表面作标记　　　　　（b）钢管外径测量　　　　　（c）20号钢管标记及布置

图 7.1 钢管划分处理

（2）将钢管的一端用塑料纸和胶带包裹密封，另一端敞开，配制普通水泥净浆，从钢管敞开一端灌注普通水泥净浆，做垫底处理，垫底高度为 5 cm，如图 7.2 所示。

（3）待垫底浆体终凝后，将 20 号无缝钢管按壁厚 3 mm、5 mm、8 mm 分成两组，每组五根，分别配制 10%、15%、20%、25%、30%五种不同膨胀剂掺量的膨胀水泥浆，分别灌浆完成后，立即用千分尺测量距离两顶端 10 cm 和中间段圆截面上"两直径垂直于钢管表面交点"作标记处外径，并记录，如图 7.3 所示。

（4）待膨胀水泥浆灌浆完成后，在普通水泥浆中添加速凝剂，配制成普通水泥净浆，进行封口处理，封口深度为 5 cm，封口完成后立即连接压力采集系统，进行压力数据

（a）钢管一段封口　　　　　　（b）垫底　　　　　　（c）垫底后钢管

图 7.2　钢管封底处理

（a）称量膨胀剂、水泥　　　　（b）搅拌膨胀水泥浆　　　　（c）钢管灌浆后

图 7.3　配制膨胀水泥浆及灌浆处理

采集。至此，钢管灌浆全部完成，膨胀水泥浆段处于不同刚度条件下。

（5）将所有钢管放于室内干燥环境中，在灌浆后的 72 h 内，前 48 h 每隔 2 h 采集一次压力和外径数据，48～72 h 每 3 h 采集一次压力和外径数据，并记录数据，如图 7.4 所示。

（a）钢管外径测量　　　　　　（b）压应力采集

图 7.4　钢管外径测量及压应力采集

（6）待钢管中压力稳定后，根据所采集的压力数据，绘制不同壁厚、不同膨胀剂掺量的膨胀水泥浆压应力随时间的变化图像，同时绘制不同壁厚、不同膨胀剂掺量的膨胀水泥浆钢管外径随时间的变化图像，并建立压应力、钢管外径随时间的变化关系图，因不同壁厚钢管的刚度不同，故可采用不同壁厚的钢管模拟不同刚度的围岩体，从而研究不同膨胀剂掺量膨胀水泥浆随不同刚度围岩体的变化规律。

7.1.2　试验数据分析

钢管灌浆后，连接压力传感器，采集不同壁厚、不同膨胀剂掺量的膨胀水泥浆压应力随时间的变化，如图 7.5 所示。

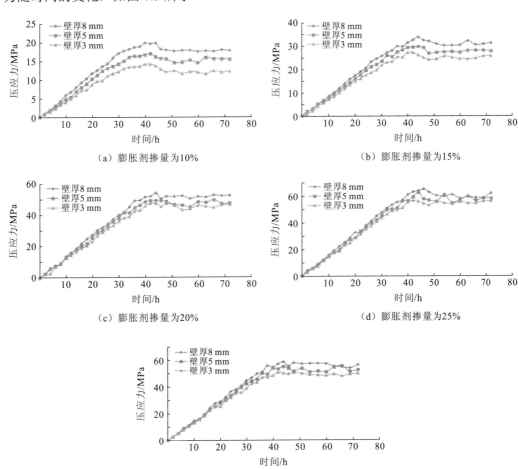

（a）膨胀剂掺量为 10%　　　　　　　（b）膨胀剂掺量为 15%

（c）膨胀剂掺量为 20%　　　　　　　（d）膨胀剂掺量为 25%

（e）膨胀剂掺量为 30%

图 7.5　不同壁厚、不同膨胀剂掺量的膨胀水泥浆压应力随时间的变化图

　　由图 7.5 可以看出，不同膨胀剂掺量下的压应力随时间变化规律大致相同，即随着时间的延长，浆体逐渐硬化，压应力呈现"缓慢增长→加速增长→峰值→小幅减小→趋于稳定"的趋势。同时可知，膨胀水泥浆压应力随着膨胀剂掺量、围岩体刚度的增加而增加；在相同膨胀剂掺量条件下，压应力随着围岩体刚度的增加呈线性增加趋势，压应力在壁厚为 8 mm 时最大，在壁厚为 3 mm 时最小；这是因为钢管壁越厚，即钢管刚度越强，对膨胀水泥浆体的约束越强，膨胀水泥浆对钢管内壁的挤压力就越大，从而使膨胀水泥浆体更加致密。

　　由图 7.6、图 7.7 可知，在同一种壁厚下，外径增值变化和压应力增长变化趋势基本相同，即外径增值、压应力均随着膨胀剂掺量的增大而呈线性增大趋势，膨胀剂掺量为 25% 时，外径增值、压应力最大，在膨胀剂掺量为 10% 时，外径增值、压应力最小，由此说明钢管外径增大由膨胀水泥浆体产生膨胀压应力所致，且随着膨胀剂掺量的提高，锚固体内部因膨胀压应力过大而自身发生挤压破坏，最终导致膨胀压力降低。

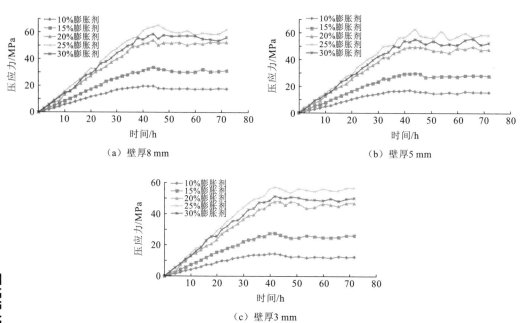

图 7.6　不同壁厚条件下不同膨胀剂掺量压应力变化关系图

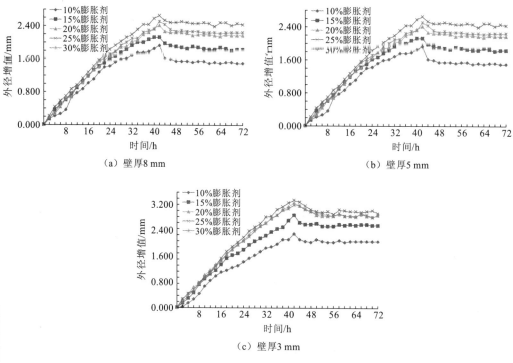

图 7.7　不同壁厚钢管外径增值变化关系图

由统计表 7.1 和表 7.2 可知，在同一种壁厚下，当压应力从峰值趋于稳定时，压应力降低幅度随着膨胀剂掺量的增加而减小，膨胀剂掺量为 10%时，降低幅度均最大，膨胀剂掺量 25%时，降低幅度均最小。当壁厚为 8mm 时，压应力降低幅度最大为 7.9%，降低幅度最小为 6.3%，而钢管外径增值降低幅度最大为 8.1%，降低幅度最小为 6.1%；当壁厚为 5mm 时，压应力降低幅度最大为 9.2%，降低幅度最小为 7.3%，而钢管外径增值降低幅度最大为 9.7%，降低幅度最小为 7.1%；当壁厚为 3mm 时，压应力降低幅度最大为 13.6%，降低幅度最小为 8.1%，而钢管外径增值降低幅度最大为 13.7%，降低幅度最小为 7.9%。另外，在同一膨胀剂掺量下，压应力降低幅度随着钢管壁厚的增加而减小。

表 7.1　不同壁厚、不同膨胀剂掺量的压应力情况表

膨胀剂掺量/ %	壁厚 8 mm			壁厚 5 mm			壁厚 3 mm		
	峰值/ MPa	稳定值/ MPa	降低率/ %	峰值/ MPa	稳定值/ MPa	降低率/ %	峰值/ MPa	稳定值/ MPa	降低率/ %
10	19.806	18.251	7.9	16.989	15.432	9.2	14.184	12.26	13.6
15	33.876	31.346	7.5	29.856	27.184	8.9	27.271	23.75	12.9
20	54.221	50.613	6.7	49.504	45.116	8.9	47.639	43.674	8.3
25	65.336	61.208	6.3	62.779	58.186	7.3	56.907	52.288	8.1
30	58.714	54.079	7.9	55.230	50.72	8.1	50.986	46.715	8.3

表 7.2　不同壁厚、不同膨胀剂掺量的钢管外径增值情况表

膨胀剂掺量/ %	壁厚 8mm			壁厚 5mm			壁厚 3mm		
	峰值/ mm	稳定值/ mm	降低率/ %	峰值/ mm	稳定值/ mm	降低率/ %	峰值/ mm	稳定值/ mm	降低率/ %
10	0.962	0.824	8.1	1.892	1.514	9.7	2.446	2.174	13.7
15	1.263	1.126	7.7	2.123	1.836	9.4	2.986	2.726	13.4
20	1.467	1.331	7.0	2.413	2.162	9.6	3.402	3.081	8.8
25	1.632	1.433	6.1	2.641	2.454	7.1	3.536	3.256	7.9
30	1.531	1.357	8.1	2.497	2.291	8.2	3.452	3.042	8.4

由以上分析可知，不同掺量的膨胀剂在不同刚度围岩体约束条件下，产生的膨胀压应力大小不同，在相同刚度围岩体约束下，膨胀压应力随着膨胀剂掺量的增加而增加；在相同掺量的膨胀剂条件下，膨胀压应力随着围岩体刚度的增加而增加。因此，以不同钢管壁厚（刚度）模拟现场不同刚度围岩体进行锚固试验研究，对现场不同刚度岩体的锚固支护具有一定参考依据与工程应用价值。

7.2　长期稳定性性能测试

在多数实际应用工程中，锚固区所处的地理条件较为复杂，如锚固区处于地下水位以下或因地下水位的上升而导致锚固段处于浸水状态，此时，自膨胀锚固体在浸水条件下能否长期处于稳定是本节的主要研究内容。本节将 10 号镀锌钢管作为试验载体，模拟围岩体作为膨胀水泥浆体约束条件，用压力传感器系统长期采集锚固体与管壁界面的压应力变化，同时采用精度为 3 μm 的电子数显千分尺长期测量钢管外径变化，结合两者数据变化情况，最终判断自膨胀锚固体在浸水与干燥条件下的长期稳定性。

7.2.1　钢管为侧限时长期稳定性试验

1. 长期稳定性试验方案

为研究自膨胀锚固体在浸水及干燥条件下的长期稳定性，本节以 10 号镀锌钢管为试验载体，在钢管内灌注不同掺量的膨胀剂进行试验，试验操作步骤如下：

（1）选取壁厚为 3 mm 的 10 号镀锌钢管，钢管外径为 9.5 cm，将钢管切割成六根长度为 40 cm 的钢管；切割完成后用打磨机将切口打磨平整，并在距离两顶端 10 cm 和中间段圆截面上"两直径垂直于钢管表面交点"处做标记，将压力传感器布置于钢管内壁中段；在试验前，使用精度为 3 μm 的千分尺分别对切割完成的 10 号镀锌钢管进行内外径测量并对钢管编号，将测量数据作为试验前对照数据记录，如图 7.8 所示。

图 7.8　钢管标记及布置压力传感器

（2）将所有钢管的一端用塑料纸和胶带包裹密封，另一端敞开，配制普通水泥净浆，从所有钢管敞开一端灌注普通水泥净浆，做垫底处理，垫底高度为 5 cm。

（3）待垫底浆体终凝后，将切割后 10 号镀锌钢管分成 A 和 B 两组试验，每组三根，分别配制 10%、20%、30%三种不同膨胀剂掺量的膨胀水泥浆，如图 7.9 所示。分别灌入三根钢管中，膨胀水泥浆段长 30 cm；灌浆完成后，立即用千分尺测量距离两顶端 10 cm 和中间段圆截面上"两直径垂直于钢管表面交点"做标记处外径，并记录。

图 7.9 不同掺量膨胀剂与水泥分组

（4）待膨胀水泥浆灌浆完成后，在普通水泥浆中添加速凝剂配制成普通水泥净浆，进行封口处理，封口深度为 5 cm，封口完成后立即连接压力采集系统，进行压力数据采集。至此，钢管灌浆全部完成，不同膨胀剂掺量的膨胀水泥浆段处于密闭环境条件下。

（5）将所有钢管放于室内干燥环境中，在灌浆后的 72 h 内每隔 2 h 采集一次压力数据，并每隔 2 h 测量标记处钢管外径，在 72 h 后一个星期每 12 h 测量一次压力及钢管外径，往后两个月每个星期测量一次压力及钢管外径，其后每两个月测量一次压力及钢管外径，共监测 2 年，并记录数据，如图 7.10 所示。

图 7.10　钢管外径测量

（6）待钢管中压力稳定后，将 10 号镀锌钢管中 A 组放入水中浸泡，B 组放于室内干燥条件下，如图 7.11 和图 7.12 所示；定期采集压力数据，测量钢管外径，收集数据 2 年，并记录数据；根据浸泡前后所采集的压力数据，绘制不同膨胀剂掺量的膨胀水泥浆压应力随时间的变化图像，同时绘制不同膨胀剂掺量的膨胀水泥浆钢管外径随时间的变化图像，并建立压应力、钢管外径随时间的变化关系图，从而研究不同膨胀剂掺量的膨胀水泥浆在干燥及浸泡条件下的长期稳定性。

图 7.11　浸水条件下压应力采集

图 7.12　干燥条件下压应力采集

2. 长期稳定性试验数据分析

钢管灌浆后，连接压力传感器，采集 72 h 内不同膨胀剂掺量的膨胀水泥浆压应力及钢管外径增值随时间的变化，如图 7.13 和图 7.14 所示。

如图 7.13 和图 7.14 所示，由不同膨胀剂掺量压应力、钢管外径增值随时间变化的关系图可以看出，不同掺量膨胀剂下压应力、钢管外径增值的变化规律基本相同，即在钢管作为围岩体的约束条件下，随着膨胀水泥浆体的逐渐硬化，膨胀压应力、钢管外径

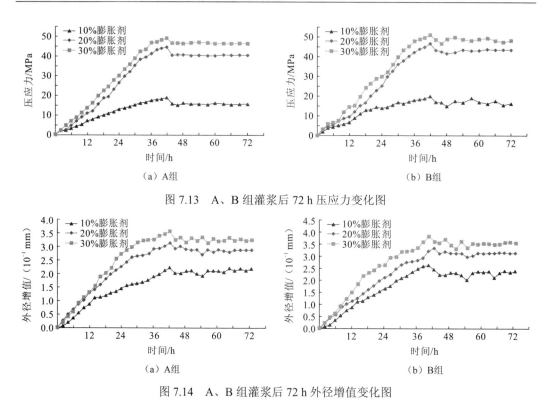

图 7.13　A、B 组灌浆后 72 h 压应力变化图

图 7.14　A、B 组灌浆后 72 h 外径增值变化图

增值均随着时间的推移而逐渐增加，均在灌浆后 42 h 左右达到最大值，而后压应力、钢管外径增值均有小幅度降低并趋于稳定；其中 A 组 10%、20%、30%膨胀剂掺量对应的压应力最大值分别为 18.32 MPa、43.74 MPa、48.23 MPa，此时钢管外径增值最大分别为 0.23%、0.32%、0.37%，趋于稳定后，压应力较最大值分别降低了 17.8%、9.3%、5.6%，钢管外径增值较最大增值降低 2.7%、8.1%、9.0%；B 组 10%、20%、30%膨胀剂掺量对应的压应力最大值分别为 19.48 MPa、45.77 MPa、50.16 MPa，此时钢管外径增值最大分别为 0.25%、0.35%、0.38%，趋于稳定后，压应力较最大值分别降低了 17.9%、9.1%、5.3%，钢管外径增值较最大增值降低 2.4%、6.0%、6.3%。可见在相同约束条件下，膨胀水泥浆体膨胀压应力、钢管外径增值均随着膨胀剂掺量的增加而增加；但自膨胀锚固体形成后，自膨胀锚固体的体积在趋于稳定时会有一定收缩，压应力、钢管外径增值在同一时间的变化规律可证明此情况，压应力随时间的变化规律和钢管外径增值随时间的变化规律两者相互佐证，因此可说明，采用压力采集系统和千分尺分别监测压应力、钢管外径变化，对研究不同掺量膨胀剂锚固体，进行体积变化情况测量是可行的，即该方法可应用于测量不同掺量膨胀剂锚固体的体积变化情况。

为进一步研究膨胀水泥浆锚固体在干燥和浸泡条件下的长期稳定，待 A、B 两组钢管中的膨胀水泥浆体稳定后，将 A 组钢管放入水中，B 组放于干燥室内，并定期采集压力数据，测量钢管外径，收集数据 2 年。图 7.15～图 7.17 为 596 d 监测膨胀压应力、钢管外径随时间变化规律的关系图。

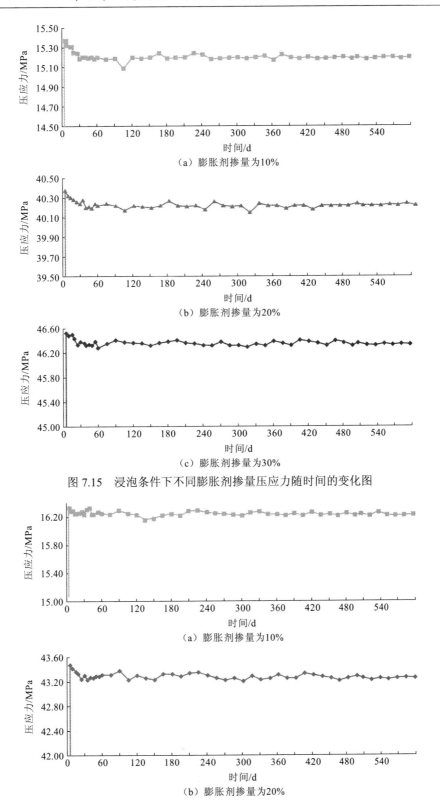

（a）膨胀剂掺量为10%

（b）膨胀剂掺量为20%

（c）膨胀剂掺量为30%

图 7.15 浸泡条件下不同膨胀剂掺量压应力随时间的变化图

（a）膨胀剂掺量为10%

（b）膨胀剂掺量为20%

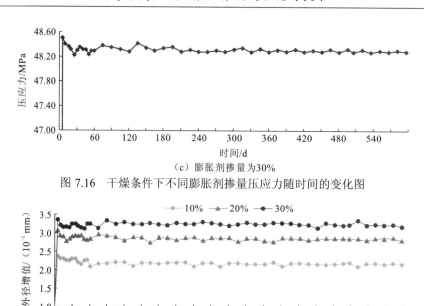

（c）膨胀剂掺量为30%

图 7.16 干燥条件下不同膨胀剂掺量压应力随时间的变化图

（a）浸泡条件下

（b）干燥条件下

图 7.17 钢管外径增值随时间的变化图

由图 7.15～图 7.17 可以看出，不同掺量膨胀剂锚固体在干燥与浸泡条件下压应力、钢管外径增值变化均不大，随着时间的推移，锚固体有一定的收缩，并最终达到稳定。在浸泡条件下，10%、20%、30%膨胀剂掺量所对应的压应力较稳定值分别降低了 0.94%、0.64%、0.43%，钢管外径增值较稳定值分别降低了 0.92%、0.56%、0.41%；而在干燥条件下，10%、20%、30%膨胀剂掺量所对应的压应力较稳定值分别降低了 0.67%、0.48%、0.29%，钢管外径增值较稳定值分别降低了 0.63%、0.42%、0.28%。对比干燥与浸水条件下相同膨胀水泥浆锚固体可知，干燥与浸水条件下压应力较稳定值降低的最大值相差仅为 0.27%，最小相差 0.14%，这说明水对膨胀水泥浆锚固体的体积稳定性影响并不大；同时对比压应力与钢管外径增值变化规律可知，膨胀水泥浆锚固体在干燥和浸水条件下收缩量均在 1%以下，且两者变化规律在时间上是一致的，这说明钢管外径变化受钢管内部膨胀压应力的影响，外径增值和压应力数值降低共同证明钢管内部膨胀水泥浆锚固体形成后体积确实产生了收缩，使锚固体与钢管内壁之间疏松，压力减小；在钢管约束下，锚

固体体积收缩量在 1%以下，并且 596 d 的监测显示，压应力与钢管外径增值变化均趋于稳定，因此可说明大掺量膨胀水泥浆体应用在真实围岩体中，长期体积稳定性有保证。

此外，膨胀水泥浆锚固体长期处于干燥条件下，与长期处于浸泡条件下相比，压力更加趋于稳定，且不管长期是在干燥条件下，还是在浸泡条件下，膨胀剂掺量较高的锚固体相比于膨胀剂掺量较低的锚固体，压应力更加容易保持稳定，即体积更加稳定，这是因为在相同的约束条件下，膨胀剂掺量较高，导致膨胀水泥浆锚固体更加紧密，这也证明了膨胀剂用于水泥浆体中确实可以提高水泥浆体的密实性、抗渗性，在一定程度上能对锚杆起到保护作用。

7.2.2　混凝土为侧限时长期稳定性试验

锚杆锚固段所处的地层环境较为复杂，常常因地下水位的变化而处于浸水状态，膨胀水泥浆在浸水工况下的长期稳定性是本小节研究的主要内容。用类岩石材料混凝土立方体试块模拟真实岩体，将其作为膨胀水泥浆的围岩载体，通过锚固体与围岩界面的压力变化及最终极限抗拔力表征浸水与干燥条件下膨胀水泥浆的长期稳定性。

1. 混凝土立方体试块制作及锚杆灌浆

制作四个中间预留孔为 20 cm×20 cm×20 cm 的立方体混凝土试块，强度等级为 C35。制作步骤如下：

（1）制作四个内壁边长为 20 cm，厚度为 1.5 cm 的立方体木质模具。截取四根外径为 40 mm，长度为 40 cm 的 PVC 管，并将一端开口用胶布封住。

（2）根据 C35 混凝土浇筑配合比 m（水）：m（水泥）：m（砂子）：m（石子）=0.48：1：1.51：2.93，并按 1.5 倍富裕系数分别称重，得 m（水）=6.63 kg，m（水泥）=15.08 kg，m（砂子）=18.85 kg，m（石子）=37.48 kg。

（3）将称好的石子、砂子、水泥和水人工搅拌均匀，如图 7.18（b）所示。

（a）台秤　　　　（b）混凝土人工搅拌　　　（c）混凝土试块振捣　　　（d）混凝土试块放置

图 7.18　混凝土试样浇筑过程图

（4）用刷子在木质模具及 PVC 管外壁均匀涂一层润滑油，便于混凝土试块脱模及 PVC 管从混凝土中拔出。

（5）将模具放于振动台上，PVC 管手动放置于模具正中，用小铲将拌和好的混凝土灌入模具内，同时开启振动台，待振捣密实后，将模具从振动台上取下，如图 7.18（c）所示。

（6）待混凝土终凝后（4～5 h），将 PVC 管缓慢旋转拔出，至此混凝土试块预留孔制作完成。

（7）将混凝土试块养护 30 d，如图 7.18（d）所示。

（8）锚杆选用 ϕ28 mm 三级螺纹钢，锚固长度为 60 cm，一端铣槽 15 cm，槽深 1.5 mm，宽 1 cm。在槽内等间距粘贴应变片，共计五个。粘贴完成后使用万用表测试应变片电阻，保证其在粘贴过程中未被损坏，测试完成后使用 704 防水绝缘胶进行封闭处理。在混凝土预留孔内壁 10 cm 深处贴一个压力传感器。

（9）按照钻孔直径及长度计算并配制掺量为 10% 和 15% 的两种膨胀剂各 2 组，完成锚杆灌浆，膨胀剂锚固段灌注完成后使用普通水泥净浆封口 3 cm，如图 7.19 所示。

图 7.19　锚杆灌浆完成

（10）锚固体达到终凝后，分别测试四个试块内膨胀压力变化情况。之后自然条件下养护 14 d。

（11）将膨胀剂掺量为 10% 和 15% 的混凝土试块中的各一个做浸泡处理，如图 7.20 所示。其余两个放置于干燥环境中。

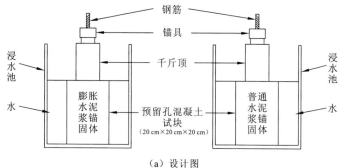

（a）设计图

（b）实物图

图 7.20　浸泡试验方式设计及实物图

2. 膨胀水泥浆锚固体压力及锚杆抗拔力稳定性研究

对置于干燥环境中的两个混凝土试块养护完成后开展拉拔试验，两个浸水条件下的混凝土试块放置 531 d 后开展锚杆拉拔试验。试验采用单次无循环式基本破坏性拉拔试验，荷载等级为 10 kN。试验仪器有 RJ50 锚杆拉拔仪、UT7110 静态应变采集仪、百分表等。试验步骤具体如下。

（1）拉拔仪安装及千斤顶预压：首先整平孔口并安装锚垫板，安装千斤顶及锚具并预压，以减少表面不平整和弹性变形对测试结果产生的影响，如图 7.21 所示。

（2）百分表安装：抗拔试验中，锚杆位移需要使用百分表进行测量，百分表由磁性表座架设，磁性表座固定在千斤顶上，百分表伸缩探针垂直轻触在锚具上，并置零。

（3）连接应变采集系统：将锚杆上应变片引出的导线以 1/4 桥接方式与采集仪连接，采用额外的不受力应变片进行温度补偿，如图 7.22 所示。

（4）采用手动液压泵给千斤顶加压。

图 7.21　拉拔试验　　　　　　　　　　图 7.22　应变采集系统

根据拉拔试验所得的抗拔力与锚杆位移绘制不同膨胀剂掺量下的荷载位移曲线，如图 7.23 和图 7.24 所示。

由图 7.23 和图 7.24 可看出，不同膨胀剂掺量下抗拔力–位移曲线规律大致相同，相同膨胀剂掺量下，干燥及浸水条件下，极限抗拔力基本不变，10%膨胀剂掺量时两种条件下变化 3%，15%膨胀剂掺量时两种条件下变化 1%。由此可知浸水工况下，抗拔力较为稳定。

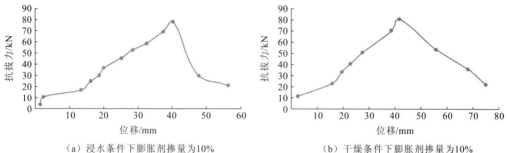

（a）浸水条件下膨胀剂掺量为10%　　　　　　（b）干燥条件下膨胀剂掺量为10%

图 7.23　浸水、干燥条件下 10%膨胀剂掺量抗拔力-位移曲线

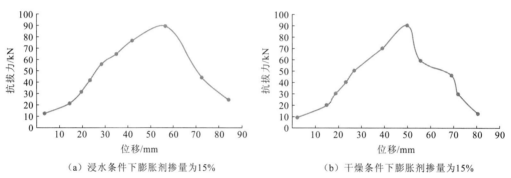

（a）浸水条件下膨胀剂掺量为15%　　　　　　（b）干燥条件下膨胀剂掺量为15%

图 7.24　浸水、干燥条件下 15%膨胀剂掺量抗拔力-位移曲线

根据测得的锚杆上各点的应变值计算出相应点的轴力、剪应力：

$$N_j = \varepsilon_j \cdot E_1 \cdot A_1 \tag{7.1}$$

$$\tau_j = \frac{\Delta \varepsilon_j \cdot E_1 \cdot A_1}{\pi \cdot d_b \cdot \Delta x} = \frac{\left(\varepsilon_{j+1} - \varepsilon_j \right) \cdot E_1 \cdot A_1}{\pi \cdot d_b \cdot \Delta x} \tag{7.2}$$

式中：N_j 为第 j 点的轴力；ε_j 为第 j 点的应变值；E_1、d_b 为锚杆的弹性模量和直径；Δ_x 为应变片的间距；τ_j 为第 j 点和第 $j+1$ 点之间的平均剪应力。

将第 j 点和第 $j+1$ 点之间的平均剪应力作为这一段的剪应力值，从而描绘出整个锚固段上剪应力的分布形式。

干燥及浸水条件下，10%和 15%膨胀剂掺量下的锚杆轴力与剪应力沿锚固长度的分布曲线如图 7.25 和图 7.26 所示。

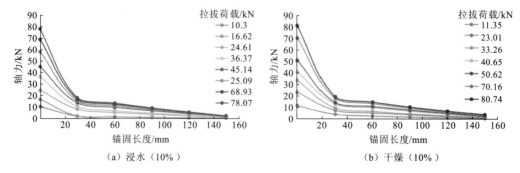

（a）浸水（10%）　　　　　　　　　　　　（b）干燥（10%）

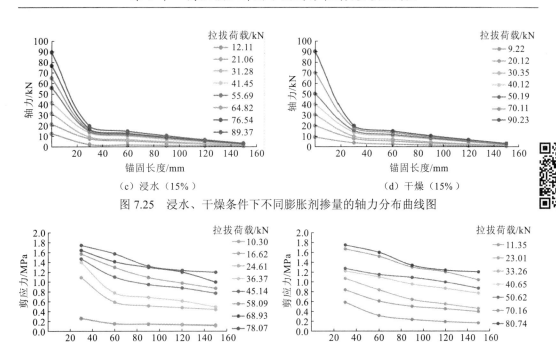

图 7.25　浸水、干燥条件下不同膨胀剂掺量的轴力分布曲线图

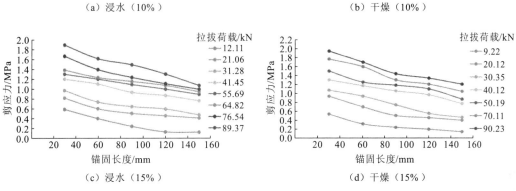

图 7.26　浸水、干燥条件不同膨胀剂掺量的剪应力分布曲线图

　　由图 7.25 和图 7.26 可以看出，浸水与干燥条件下，不同膨胀剂掺量对应的锚杆轴力与剪应力分布规律较为一致，且相同测点对应的轴力与剪应力数值相差不大。由此，无论是宏观抗拔力还是锚杆界面应力，在浸水与干燥条件下变化非常微小，膨胀水泥浆具有较好的稳定性。

　　膨胀水泥浆锚固体硬化后采用压力采集系统分别测试四个混凝土试块内锚固体的膨胀压力，测试结果如图 7.27 和图 7.28 所示。

　　由图 7.27 和图 7.28 可知，锚固体内膨胀压力无论是在干燥条件还是在浸水条件下，均较为平稳，近似保持在一条直线上。膨胀压力稳定值统计如表 7.3 所示。

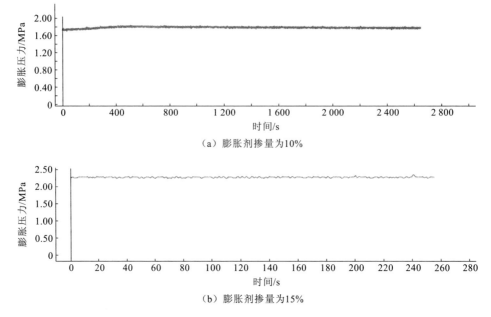

（a）膨胀剂掺量为10%

（b）膨胀剂掺量为15%

图 7.27 干燥条件下不同膨胀剂掺量的膨胀压力变化图

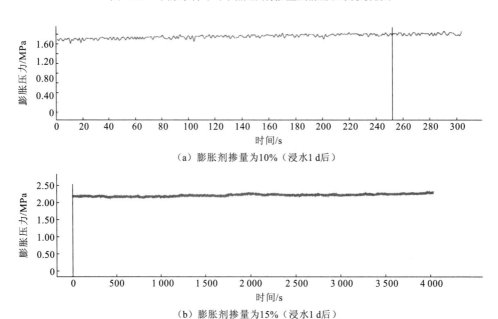

（a）膨胀剂掺量为10%（浸水1 d后）

（b）膨胀剂掺量为15%（浸水1 d后）

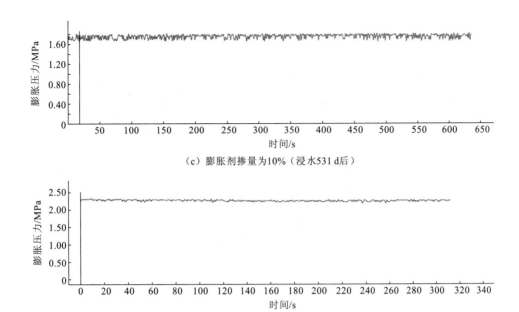

（c）膨胀剂掺量为10%（浸水531 d后）

（d）膨胀剂掺量为15%（浸水531 d后）

图 7.28　浸水条件下不同膨胀剂掺量的膨胀压力变化图

表 7.3　锚固体膨胀压力稳定值统计表

条件	干燥（10%）	干燥（15%）	浸水 1 d(10%)	浸水 1 d（15%）	浸水 531 d（10%）	浸水 531 d(15%)
压力 / MPa	1.80	2.20	1.75	2.20	1.70	2.20

表 7.3 可知，浸水环境中，锚固体中的膨胀压力几乎没有变化，膨胀剂掺量为 10% 的锚固体浸泡前后压力相差仅 3%，因此膨胀水泥浆锚固体在浸水工况下具有较高的稳定性。事实上，由于锚固体内膨胀压力的产生及钙矾石的生成，浆体较普通水泥净浆密实度更好，抗渗性能也更强，水很难侵蚀到锚固体内，同时，锚固体也会对锚杆起到很好的保护作用。

7.3　本 章 小 结

本章主要开展高强预压作用下自膨胀锚固体膨胀力的时间效应试验及不同侧限条件下的干燥、浸水环境中自膨胀锚固体长期稳定性试验，得到如下结论：

（1）在相同掺量条件下，压应力随着围岩体刚度的增加而呈线性增加趋势；在同一种壁厚下，外径增值、压应力均随着膨胀剂掺量的增大而线性增大。由此说明围岩体刚度对锚固体致密性有很大影响，刚度越大，锚固体密实度越大，从而锚杆抗拔力越大，这将有利于锚杆锚固工程的施工，增加了锚杆抗拔力，大大地提升了锚杆抗拔力储备空间。

（2）对比干燥与浸水条件下相同膨胀剂掺量的自膨胀锚固体可知，水对膨胀水泥浆锚固体的体积稳定性影响并不大；同时 596 d 的监测显示，在干燥与浸泡条件下压应力与钢管外径增值变化均趋于稳定，因此可说明自膨胀锚固体应用在干燥与浸水条件中时长期体积稳定性有保证。

（3）自膨胀锚固体长期处于干燥条件下，与长期处于浸泡条件下相比，压力更加趋于稳定，且膨胀剂掺量较高的锚固体相比于膨胀剂掺量低的锚固体，压应力更加容易保持稳定，这是因为在相同的约束条件下，膨胀剂掺量较高导致膨胀水泥浆锚固体更加紧密，提高了水泥浆体的密实性、抗渗性，在一定程度上能对锚杆起到保护作用。

（4）以预留孔混凝土立方体试块为试验载体的情况下，长期浸水条件下锚杆抗拔力与膨胀压力较干燥短期条件均未有降低，自膨胀锚固体具有较好的稳定性。同时，膨胀水泥浆较普通水泥净浆具有更高的密实度与抗渗性能。

第 8 章

自膨胀高强预压锚固
技术现场应用

8.1　松软土体浅层锚杆拉拔试验

鉴于自膨胀高强预压锚固技术在岩石材料中取得的较好效果,在三峡大学校内一土质较为松软场地开展锚杆拉拔试验,如图 8.1 所示。试验设定孔深为 70 cm,孔径为 6 cm,锚杆选用 ϕ28 mm 三级螺纹钢,膨胀剂掺量分别为 0、5%、10%、15%、20%。

（a）锚杆拉拔　　　　　　（b）锚固体上部土层破坏　　　　　（c）扩头锚固体

图 8.1　土质锚杆拉拔试验

由于土体较为松软,锚固体在土体的约束条件下能发生膨胀而不出现散体。抗拔力随膨胀剂掺量的变化情况及膨胀百分比随膨胀剂掺量的变化如图 8.2 所示。

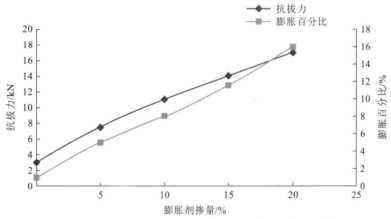

图 8.2　抗拔力与膨胀百分比随膨胀剂掺量的变化规律

由图 8.2 可以看出,一定范围内抗拔力与膨胀剂掺量呈现正相关规律,20%膨胀剂掺量锚杆抗拔力较水泥净浆增加 5 倍,膨胀百分比随膨胀剂掺量递增,体积的变化是导致抗拔力提高的主要原因。

8.2 三峡库区岩土质边坡锚杆拉拔试验

为进一步验证膨胀水泥浆作为锚固体的提高抗拔力的效果，研究其抗拔力增加的机理，并最终形成一套切实可行的工程技术，在三峡库区选择一处较为典型的区域开展了现场试验。

8.2.1 试验场地概况

现场试验地点选在湖北省秭归县万古寺渡口旁三峡大学生态试验基地。万古寺渡口地处三峡库区内香溪河上游高山丘陵地区，属于亚热带湿润区，亚热带季风气候，气候特点为：四季分明，气温温和，雨水充沛，日照充足，无霜期长。1月平均气温在1.5 ℃左右，9月平均气温为35 ℃，全年无霜期为260 d，年平均雨水量为1 031 mm，雨季较长，主要集中在夏季。岩质边坡位于万古寺渡口南侧500 m处，坡顶高程183 m，坡底高程178 m，产状为350°/260° ∠88°，以中风化泥质粉砂岩、微风化灰岩为主。土质边坡位于万古寺渡口西北侧300 m处，坡角60°，以黄褐色或灰褐色粉质黏土为主，夹杂少量碎石，土石比约为9∶1。

8.2.2 试验方案

岩质边坡试验方案：岩质边坡锚杆拉拔试验主要分为两组，第一组钻孔深度为1 m，钻孔直径为90 mm，锚固长度为60 cm，锚杆选用ϕ28 mm三级螺纹钢，膨胀剂掺量依次为0、10%、15%、20%、25%、30%，共计6组。第二组钻孔深度为3 m，钻孔直径和锚固长度与第一组相同，锚杆选用ϕ32 mm三级螺纹钢，膨胀剂掺量与第一组相同。

试验目的：①验证并改进膨胀水泥浆岩体锚固技术在库岸岩质边坡中的应用。②得到在相同锚固长度条件下，不同膨胀剂掺量对锚杆抗拔力的提高效果。③对比得到相同锚固长度在岩体不同深度下的抗拔力情况。④研究得到锚固体沿杆长的剪应力分布规律及锚杆轴力变化规律。

土质边坡试验方案：土质边坡锚杆拉拔试验主要分为五个试验区域，区域分布如图8.3所示，钻孔深度为2～4 m，钻孔直径与岩质边坡孔径一致，锚杆选用ϕ28 mm、ϕ25 mm三级螺纹钢及ϕ20 mm纤维锚杆。

试验目的：①验证并改进膨胀水泥浆土体锚固技术在库岸土质边坡中的应用。②得到在相同锚固长度条件下，不同膨胀剂掺量对抗拔力的提高效果。③找到土质环境下，抗拔力提高的原因及锚杆破坏失效模式。④研究得到锚固体沿杆长的剪应力分布规律及锚杆轴力变化规律。⑤土质边坡区域一锚杆主要用于边坡防护，不作为拉拔试验对象。

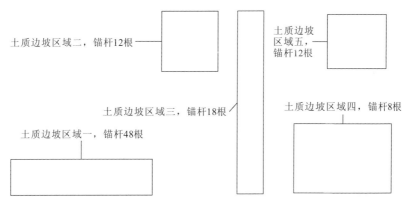

图 8.3　土质边坡区域分布

8.2.3　试验步骤

1）材料囤放

试验时间为雨季频发季节，因此到达现场后首先应选好材料存放位置。试验所用水泥为华新牌 32.5 普通硅酸盐水泥，膨胀剂为嘉泽牌岩石膨胀剂，锚杆分为两种，一种为三级螺纹钢，直径分别为 32 mm、28 mm、25 mm，一种为纤维锚杆，直径为 20 mm。土质边坡与岩质边坡各设置一处材料存放点，并做好防晒、防潮处理，如图 8.4 所示。

（a）土质边坡材料囤放　　　　　　（b）岩质边坡材料囤放

图 8.4　土质、岩质边坡材料囤放

2）清理坡面

清理岩质边坡及土质边坡坡面杂草、荆棘，清理坡面强风化碎石、危石岩体，如图 8.5 所示。

3）钻孔

采用空压风钻机分别在岩质边坡及土质边坡钻孔，如图 8.6 所示。孔径为 90 mm，深度为 1～4 m。根据前期设计试验需要及边坡绿化工程需要，共计钻孔 181 个。

4）声波测试

成孔后，使用非金属声波检测仪对钻孔处岩性做初步判断，为试验设计提供依据。由于测试探头需在富水环境下工作，测试前应先向孔中注水，待测试工作完成后，用水泵将水抽出。具体测试步骤如下。

（a）岩质边坡清理　　　　　　　　　（b）土质边坡清理

图 8.5　土质、岩质边坡清理

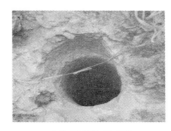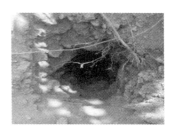

（a）空压风钻机现场钻孔　　　（b）岩质边坡成孔　　　（c）土质边坡成孔

图 8.6　现场钻孔及边坡成孔

（1）测试洞中注满水。

（2）将测试探头与非金属声波检测仪链接，连接顺序为：探头底部、中部和上部的接线分别与声波测试仪声波发射接口、1 号声波接收接口和 2 号声波接收接口连接。

（3）参数设置：根据洞口的编号、洞深、洞径及测试密度进行文件命名和参数设置。

（4）声波测试：将探头沉入洞中，根据测试密度参数确定相应的单次向外提升长度（本次试验向外提升长度为 20 cm），点击测试仪上"开始检测"按钮，开始测量，点击"下一步"按钮，此后每上提 20 cm 探头，点击"下一步"按钮完成保存，直至探头完全露出测试锚洞；测试完成，保存数据，后期进行数据分析。

RSM-SY5(T)非金属声波检测仪及测量过程如图 8.7 所示。

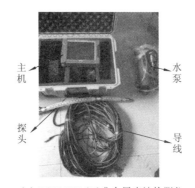

（a）RSM-SY5（T）非金属声波检测仪

（b）土质边坡声波测试　　　　　　　　　（c）岩质边坡声波测试

图 8.7　声波测试仪及土质、岩质边坡声波测试

5）锚杆准备

在预先铣槽处理好的钢筋上，根据锚固段长度等间距粘贴应变片，并用 704 防水胶密封好。将压力传感器及导线用绝缘胶带固定在锚杆杆体上，以便随锚杆一同进入钻孔内，如图 8.8 所示。

应变片间距6 cm，共10个

（a）锚杆应变片布置

固定支架，使锚杆处于孔洞中心

固定压力传感器

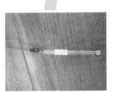

（b）锚杆上焊接固定支架　　　　　　　　（c）压力传感器绑定锚杆

图 8.8　锚杆预处理

6）灌浆及锚杆植入

根据试验设计，不同的孔洞灌注不同膨胀剂掺量及不同深度的浆液，其后迅速插入预先准备好的锚杆，为方便后续拉拔试验，锚固长度应超出孔深 50 cm。需要注意的是，由于膨胀水泥浆在沿孔深方向会产生膨胀作用，在应用该技术时需要在灌注膨胀水泥浆完成后，在其上表面另外浇筑添加早强剂的水泥净浆，以限制其轴向膨胀，注浆深度通常采用 3～5 cm，如图 8.9 所示。

7）膨胀压力测试

锚杆固定后，立刻开始压力测试，即从膨胀水泥浆初凝开始，测试其浆体内部膨胀

（a）材料精确分组称重

（b）浆液搅拌

（c）锚杆植入

（d）精确控制锚固长度

图 8.9　灌浆及锚杆植入过程

压力的变化情况。灌浆完成后的 4 h 内不间断测量，等到浆体终凝过后，每隔 12 h 测试一次，直到其膨胀压力不变为止，如图 8.10 所示。

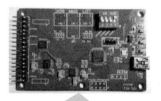
压力采集系统

（a）连接压力采集系统

（b）测试并记录膨胀压力

图 8.10　膨胀压力采集

8）养护

灌浆及膨胀压力测试完成后，在自然状态下静置 30 d，其后按照试验计划对部分锚杆进行拉拔试验。不同区域锚杆分布如图 8.11 所示。

纤维锚杆48根

土质边坡区域二锚杆18根

（a）土质边坡区域一锚杆　　　　　　　　（b）土质边坡区域二锚杆

（c）土质边坡区域三锚杆

（d）土质边坡区域四锚杆　　　　　　　　（e）土质边坡区域五锚杆

图 8.11　不同区域锚杆分布

9）锚杆拉拔试验

灌浆结束 30 d 后，分别在土质边坡与岩质边坡开展锚杆拉拔试验，获取不同膨胀剂掺量、不同锚固长度、不同围岩条件下的锚杆抗拔力，并对部分锚杆测试了拉拔过程中锚杆杆体应变与位移的变化，为后续研究提供数据支撑。

（1）土质边坡拉拔试验：拉拔试验前，应人工清理试验区域表层碎石土 15～20 cm。由于土体表面较为松软，千斤顶在拉拔试验中容易陷入土中，在试验时，提出土体表面放置一块面积为 80 cm×80 cm，厚度为 2 cm，中间开孔直径为 14 cm 的钢板，增大接触面积，将千斤顶对土体的压力分散，如图 8.12（a）所示。此外，由于土层锚杆拉拔试验破坏形式往往是锚固体被拔出,为防止千斤顶底部将拔出的锚固体压碎,应使孔口留有一定空间,故发明了千斤顶承压台,如图 8.12（b）所示。试验中发现,由于锚杆抗拔力较大,承压钢板和承压台会随表层土体逐渐下降,同时自身也会因为千斤顶的集中荷载发生变形,如图 8.13 所示。经验证承压台与底部钢板宜采用 2 cm 以上厚度的钢板。部分试验过程如图 8.14～图 8.16 所示。

（a）承压钢板　　　　　　　　　　　　　　　（b）承压台

图 8.12　承压钢板与承压台

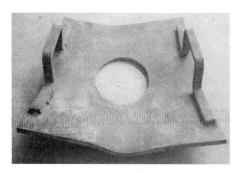 

（a）承压钢板弯曲　　　　　　　　　　　　　（b）承压台变形

图 8.13　拉拔试验后的承压钢板与承压台

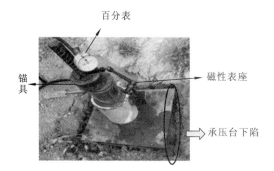 

图 8.14　土质边坡拉拔试验土体下沉　　　　图 8.15　土质边坡区域五拉拔试验

清理后堆积
的表层碎石土

人工去除
20 cm表层
碎石土

图 8.16 土质边坡区域三拉拔试验

（2）岩质边坡拉拔试验：岩质边坡锚杆抗拔力较大，拉拔试验过程中应注意坡上碎石滚落，防止试验设备损坏及人员受伤。岩质边坡拉拔试验如图 8.17 所示。

图 8.17 岩质边坡拉拔试验

8.2.4 土质边坡拉拔试验分析

1. 土层锚杆作用机理

土中锚杆习惯被称为"土钉"。土钉的特点是全长与周围土体接触，以群体起作用，与周围土体形成一个整体，在土体发生变形的条件下，与土体接触界面上的黏结力或摩擦力使土钉被动受拉，并主要通过受拉给土体以约束加固，保持其稳定。在土层锚杆灌浆工程中，用膨胀水泥浆替代原有的水泥净浆作为锚固体，同样具有较好的效果。与在岩体中抗拔力的提高是因为岩体约束导致锚固体对锚杆的握裹力增强不同，当膨胀水泥浆作为土锚锚固体时，由于土体对锚固体膨胀作用的限制较小，锚固体往往会产生一定程度的膨胀，这就使锚固体发生了扩头效应，锚固体与土体接触面积增加，同时，上部土体的重力作用也使锚固体更难从土中拔出，即抗拔力增加。土层锚杆扩头如图 8.18所示。

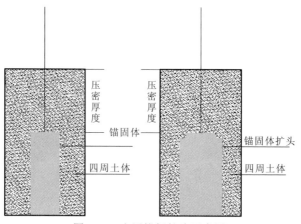

图 8.18　土层锚杆扩头示意图

2. 土质边坡锚杆抗拔力随膨胀剂掺量变化规律研究（以土质边坡区域二为例）

1）锚杆抗拔力分析

在土质边坡区域二中，完成了 ϕ25 mm 螺纹钢锚杆拉拔试验，由表 8.1 可以看出，膨胀水泥浆作为锚固体，抗拔力提高效果显著。

表 8.1　ϕ25 mm 螺纹钢锚杆抗拔力

膨胀剂掺量 / %	锚固长度 / cm	最大抗拔力 / kN（含1.4 m净浆封口至临空面）	单位锚固长度相对膨胀剂掺量为0的增长率 / %
0	60	127	—
10	60	223	252
15	60	239	294
20	60	168	108
25	60	176	129
30	60	227	262

由图 8.19 可以看出，添加膨胀剂后，锚杆抗拔力较水泥净浆均有不同程度的提升，膨胀剂掺量为 20%时，单位锚固长度抗拔力增加百分比最小，为 108%，膨胀剂掺量为 15%时，抗拔力增加百分比最大，为 294%。对比岩质边坡应用该技术提高抗拔力的效果而言，土体中应用膨胀水泥浆较岩体中具有更为显著的效果。与岩体中类似的是，抗拔力提高并没有随膨胀剂掺量的增加而单调递增，这是因为不同钻孔周围土体性质不一，导致锚固体膨胀程度不同，从而影响抗拔力。结合锚固体内膨胀压力测试结果可以解释这一现象。不同膨胀剂掺量的锚固体终凝后压应力稳定值对比如图 8.20 所示。

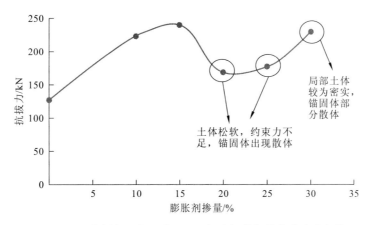

图 8.19　土质边坡区域二 ϕ25 mm 螺纹钢锚杆抗拔力变化规律

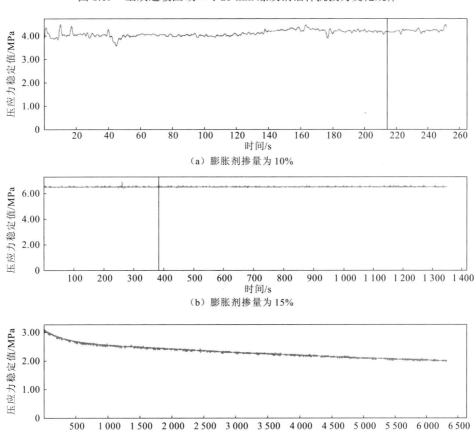

（a）膨胀剂掺量为 10%

（b）膨胀剂掺量为 15%

（c）膨胀剂掺量为 20%

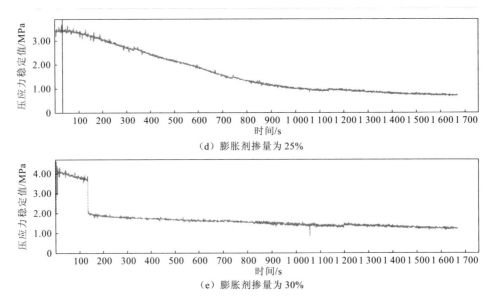

（d）膨胀剂掺量为 25%

（e）膨胀剂掺量为 30%

图 8.20 不同膨胀剂掺量的锚固体终凝后压应力稳定值的对比图

由表 8.2 可以看出，膨胀剂掺量 20%、25%、30%下锚固体压应力最大值较 10%和 15%均有较为明显的下降。同时，20%、25%、30%膨胀剂掺量下压应力稳定后，膨胀压应力较最大值分别降低 30%、77%、67%，而 10%和 15%膨胀剂掺量下仅降低 0.2%。这是由于 20%、25%、30%膨胀剂掺量对应的孔洞周围土体较为松软，锚固体膨胀不受限，膨胀出现散体进而导致抗拔力下降。

表 8.2   不同膨胀剂掺量下压应力最大值与稳定值

膨胀剂掺量/%	最大抗拔力/kN	压应力最大值/MPa	压应力稳定值/MPa	压应力降低百分比/%
0	127	—	—	—
10	223	5.48	5.47	0.2
15	239	8.28	8.26	0.2
20	168	3.82	2.68	30
25	176	4.46	1.02	77
30	227	5.10	1.66	67

2）锚杆轴力与剪应力数据分析

锚杆极限抗拔力的变化规律，是锚杆宏观力学性质的反映，而这种变化恰恰是由微观力学性质引起的，因此，探究锚杆界面应力随膨胀剂掺量不同的变化规律，对揭示锚杆极限抗拔力增长的微观原因，分析抗拔力增长的趋势，并对寻找和修正合理的理论解具有重要的意义。图 8.21 为锚杆轴力与剪应力沿锚固长度的变化规律。

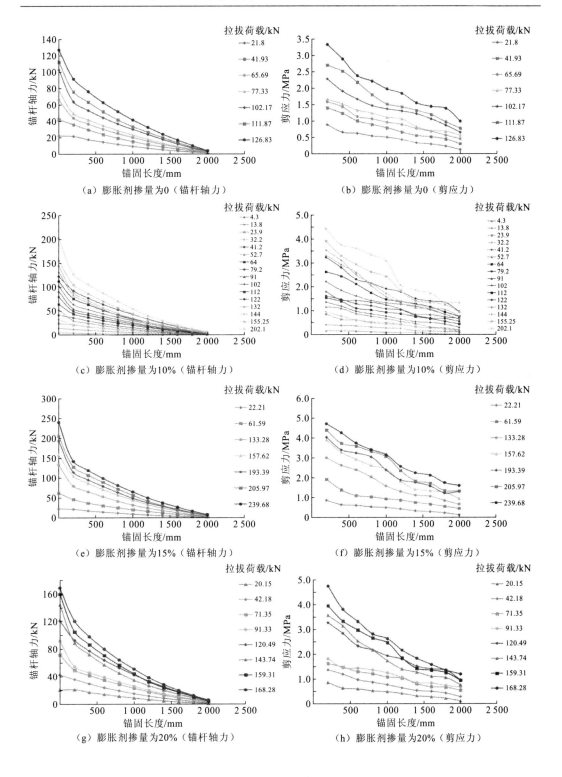

（a）膨胀剂掺量为 0（锚杆轴力）　　　　　　（b）膨胀剂掺量为 0（剪应力）

（c）膨胀剂掺量为 10%（锚杆轴力）　　　　　（d）膨胀剂掺量为 10%（剪应力）

（e）膨胀剂掺量为 15%（锚杆轴力）　　　　　（f）膨胀剂掺量为 15%（剪应力）

（g）膨胀剂掺量为 20%（锚杆轴力）　　　　　（h）膨胀剂掺量为 20%（剪应力）

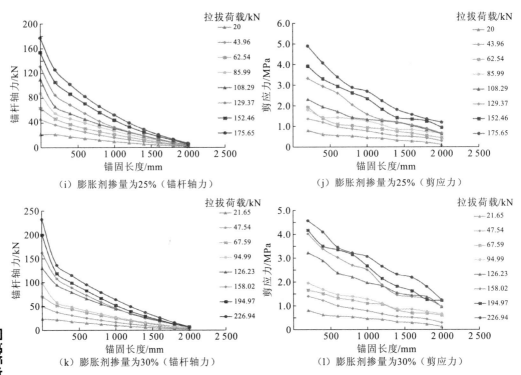

（i）膨胀剂掺量为25%（锚杆轴力）　（j）膨胀剂掺量为25%（剪应力）

（k）膨胀剂掺量为30%（锚杆轴力）　（l）膨胀剂掺量为30%（剪应力）

图8.21　不同膨胀剂掺量锚杆轴力与剪应力沿锚固长度变化规律的对比图

3）剪应力和轴力变形特征分析

（1）从轴力分析，土中锚杆表现出与岩体中相似的现象，在不同等级荷载下，轴力在孔口附近较大，而向锚固体深部，锚杆轴力逐渐减小，即使在较大荷载作用下，轴力向锚固段内部传递的量值更小，而主要集中在锚杆前端，其后大幅跌落。膨胀剂掺量为0、10%、15%、20%、25%、30%下均表现出上述规律。

（2）从剪应力分析，土中锚杆并没有像岩体中一样随着荷载的增加，锚固体剪应力峰值由前端向锚杆深处转移，而是前端剪应力最大，逐渐向深部降低。这主要是由于土层锚杆拉拔试验中，往往是锚固体连同锚杆被从土中拔出，即锚固体与围岩土体发生滑移而并非锚杆与锚固体界面的破坏。

（3）对比图8.21可知，锚杆的轴力和剪应力具有较为相似的变化趋势，且锚杆剪应力主要分布在锚杆的前端，以60 mm以内最为集中，轴力和剪应力在整个锚固长度上分布极为不均，剪应力只在有限长（如600 mm内）的锚固段内发挥作用。

3. 坚硬土体中低膨胀剂掺量锚杆抗拔力变化规律研究（以土质边坡区域三为例）

在土质边坡区域三中所用的锚杆为φ20 mm纤维锚杆，膨胀剂掺量分别为5%和10%，每种膨胀剂掺量下分别浇筑不同的锚固长度，探究不同锚固长度对锚杆抗拔力的影响，锚固体拉拔的部分过程如图 8.22 所示。

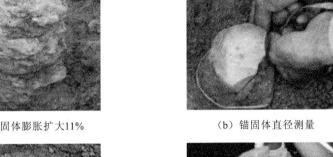

（a）锚固体膨胀扩大11%　　　　　　　（b）锚固体直径测量

（c）锚固体失去周围约束，出现散体　　　（d）锚固体被拔出

图 8.22　锚固体试验

　　由图 8.23 可见，在膨胀剂掺量一定的条件下，抗拔力如预期那样随着锚固长度的增加递增，近似为线性。而相同锚固长度下膨胀剂掺量 5%与 10%抗拔力差别不大，这主要是由于土质边坡区域三土体较为密实，对锚固体约束能力较强，两种膨胀剂掺量下直径变化差别不大，如表 8.3 所示。

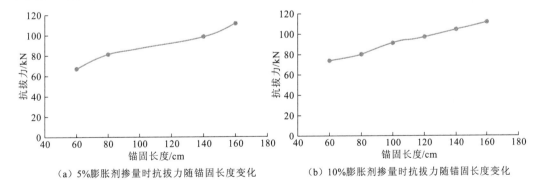

（a）5%膨胀剂掺量时抗拔力随锚固长度变化　　（b）10%膨胀剂掺量时抗拔力随锚固长度变化

图 8.23　膨胀剂掺量为 5%和 10%的抗拔力随锚固长度变化的对比图

表 8.3　纤维锚杆 5%、10%膨胀剂掺量数据

膨胀剂掺量 / %	编号	锚固长度 / cm	最大抗拔力 / kN	锚固体周长 / cm	锚固体直径 / cm
10	3-1	140	103.95	34.3	10.923 566 9
	3-3	100	90.85	34.5	10.987 261 1
	3-5	80	79.64	34.7	11.050 955 4
	3-6	60	73.53	34.4	10.955 414 0
	3-10	160	110.85	34.4	10.955 414 0
	3-12	120	96.63	34.5	10.987 261 1
5	3-16	160	110.74	37.5	11.942 675 2
	3-17	80	80.82	37.6	11.974 522 3
	3-18	60	66.80	37.8	12.038 216 6
	3-7	140	97.76	38.1	12.133 758

4. 锚固体膨胀压力随锚固长度变化规律研究（以土质边坡区域四为例）

在土质边坡区域四中所用锚杆为 ϕ28 mm 螺纹钢，膨胀剂掺量分别为 0、10%、15%、20%、25%、30%。锚固长度为 60 cm，钻孔深度为 4 m。锚杆抗拔力随膨胀剂掺量增加情况如图 8.24 所示。

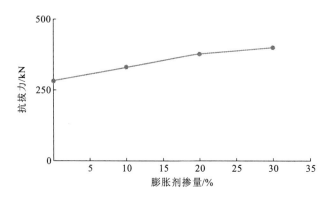

图 8.24　土质边坡区域四抗拔力随膨胀剂掺量变化规律

由图 8.24 可以看出，锚杆抗拔力随膨胀剂掺量呈线性递增关系。但其抗拔力整体较其他区域增大 2 倍之多。这一方面是因为锚固段更为靠近土体深部，另一方面是因为钻孔穿过类岩石的较硬土层，而并非松散土体。声波、影像及压力测试结果能较好解释这一点。

图 8.24 中四种膨胀剂掺量对应的孔洞中压力及声波测试情况如表 8.4 所示。

表 8.4　土质边坡区域四孔洞声波测试数据

孔洞编号	锚固长度/cm	膨胀剂掺量/%	稳定压力/kN	稳定压应力/MPa	最大抗拔力/kN	波速差/(km/s)
4-1	60	0	0.018 00	0.23	280.55	1.527
4-2	60	10	0.377 13	4.80	326.91	1.869
4-7	60	20	0.634 37	8.08	375.50	1.887
4-8	60	30	1.281 69	16.33	398.69	1.212

下面结合孔洞压力测试（图 8.25）、声波测试（图 8.26）及洞内影像拍摄（图 8.27）对各孔壁围岩情况做进一步分析。

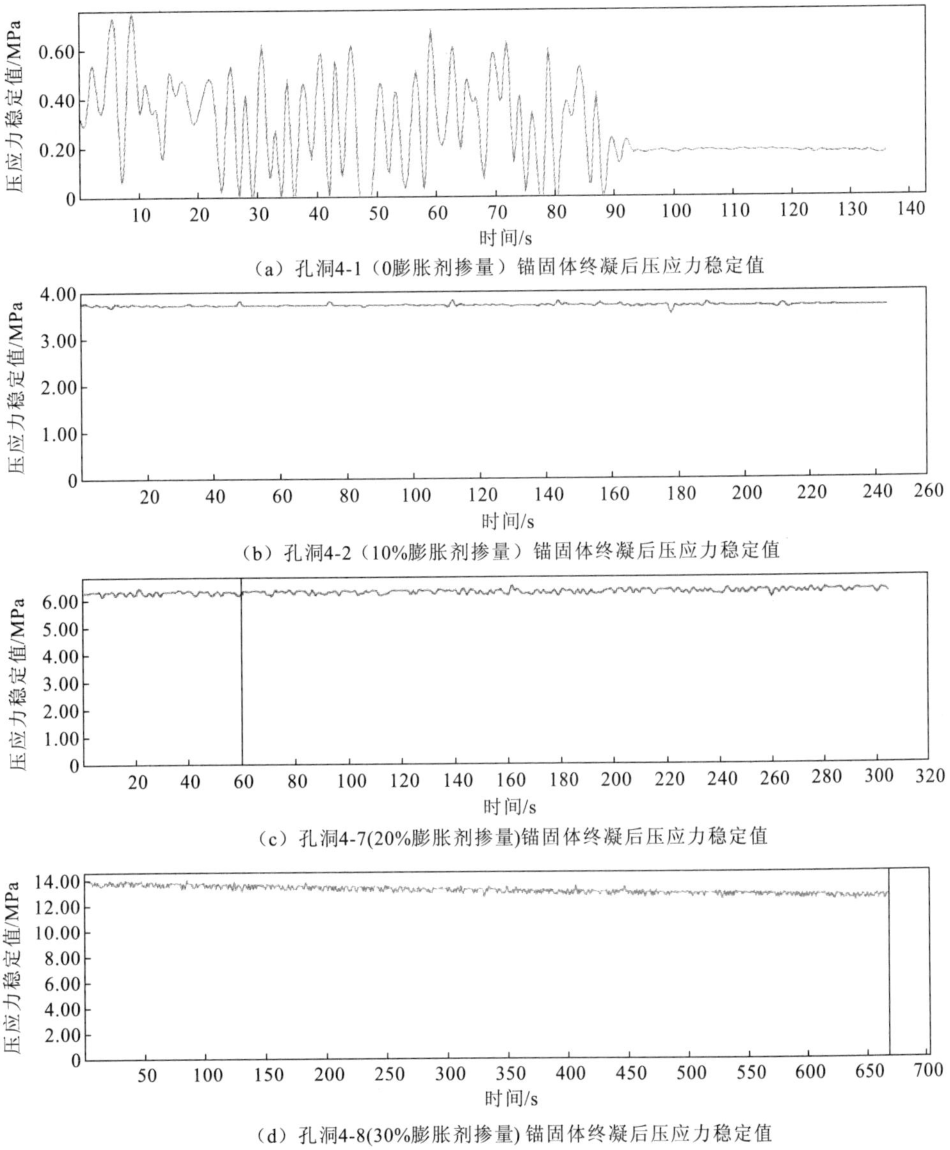

（a）孔洞4-1（0膨胀剂掺量）锚固体终凝后压应力稳定值

（b）孔洞4-2（10%膨胀剂掺量）锚固体终凝后压应力稳定值

（c）孔洞4-7(20%膨胀剂掺量)锚固体终凝后压应力稳定值

（d）孔洞4-8(30%膨胀剂掺量)锚固体终凝后压应力稳定值

图 8.25　孔洞压应力测试

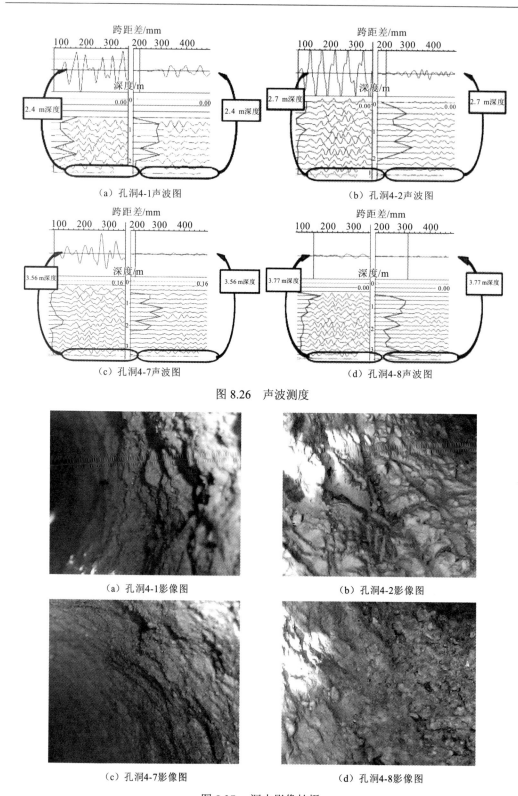

（a）孔洞4-1声波图　　　　　　　　　　（b）孔洞4-2声波图

（c）孔洞4-7声波图　　　　　　　　　　（d）孔洞4-8声波图

图 8.26　声波测度

（a）孔洞4-1影像图　　　　　　　　　　（b）孔洞4-2影像图

（c）孔洞4-7影像图　　　　　　　　　　（d）孔洞4-8影像图

图 8.27　洞内影像拍摄

根据孔洞 4-1 压应力、波速差、影像图及现场试验可知,该土质结构呈颗粒状,砂粒含量高,透水性良好,断口较粗糙,用手搓该土,土质有砂粒感,初步判断孔洞 4-1 为砂质黏土。

根据孔洞 4-2 压应力、波速差、影像图及现场试验知,该土质以黄褐色或灰褐色粉质黏土为主,掺杂少量碎石,初步判断孔洞 4-2 为较为密实的粉质黏土。

根据孔洞 4-7 不同深度的波速差、影像图及现场试验知,该土质结构呈细颗粒状,密实度较好,透水性良好,用手搓该土,土质有砂粒感,初步判断孔洞 4-7 为砂质黏土。

根据孔洞 4-8 压应力、波速差、影像图及现场试验知,该土质以黄褐色或灰褐色粉质黏土为主,夹杂少量碎石,初步判断孔洞 4-8 为中等密实粉质黏土。

此外,在土质边坡区域四中设计了三组膨胀剂掺量为 15% 的试验,在锚固体不同深度布置压力采集传感器,研究不同深度下膨胀压力的变化情况,数据如表 8.5 所示。

表 8.5　土质边坡区域四(孔洞 4-4、孔洞 4-5、孔洞 4-9)压力表

孔洞编号	锚固长度 / cm	膨胀剂掺量 / %	压力信息					最大抗拔力 / kN
			压力传感器编号	压力传感器深度 / m	压力值 / kN	压应力 / MPa	波速差 / (km / s)	
4-9	120	15	A14	3.20	1.570 00	20.00	1.481	365.22
			A17	3.00	0.826 61	10.53	1.408	
			A26	2.80	0.405 42	5.16	1.412	
			A19	2.60	0.252 87	3.22	1.342	
			A22	2.40	0.175 15	2.23	1.242	
4-4	160	15	B3	3.30	2.400 00	30.57	1.316	403.00
			B4	2.95	1.594 11	19.03	1.942	
			B5	2.60	0.711 42	9.06	1.818	
			B9	2.25	0.375 47	4.78	1.471	
			B14	1.90	0.187 67	2.39	1.418	
4-5	200	15	A23	3.10	0.800 00	10.19	1.307	412.00
			A27	2.70	0.498 67	6.48	1.37	
			A36	2.30	0.361 37	4.60	1.258	
			A40	1.90	0.243 78	3.11	1.282	

将孔洞 4-4、孔洞 4-5、孔洞 4-9 三个试验孔洞中的膨胀压力与锚固长度进行拟合,如图 8.28(a)～(c)所示。在 R^2 大于 98% 的前提下,呈指数函数形式,即膨胀压力 $p=a_0\mathrm{e}^x$,式中 a_0 为常数,x 为锚固长度。同时,以孔洞 4-9 为例绘制锚固体膨胀压力示意图,如图 8.28(d)所示。

由图 8.28 可以看出,相同膨胀剂掺量下,锚固体内膨胀压力沿锚固深度增加。这是因为越接近岩土体深部,围岩对锚固体的约束能力越强,这使膨胀压力大幅提高,同时抗拔力也会随之增大,因此该技术在深层锚固工程中应用会产生较本书试验结果更大的有益效果。

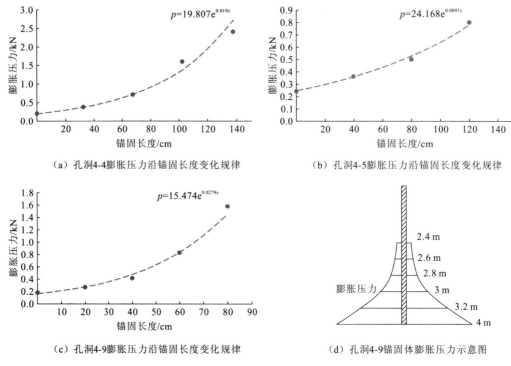

（a）孔洞4-4膨胀压力沿锚固长度变化规律　　　（b）孔洞4-5膨胀压力沿锚固长度变化规律

（c）孔洞4-9膨胀压力沿锚固长度变化规律　　　（d）孔洞4-9锚固体膨胀压力示意图

图 8.28　膨胀压力与锚固长度的变化规律及膨胀压力示意图

波速差的大小表征了钻孔围岩性质的好坏，而围岩性质直接影响了锚固体中膨胀压力的形成及最终结果，膨胀压力的产生及大小是影响锚杆抗拔力的最主要原因。由表 8.5 中的测试数据对波速差与膨胀压应力进行拟合，呈指数函数关系，且 R^2 大于 95%，如图 8.29 所示。

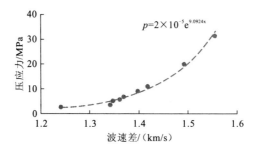

图 8.29　15%膨胀剂掺量下压应力随波速差变化规律

应用上述规律，若已知某种膨胀剂掺量下膨胀压应力与波速差的关系，则在今后的试验研究及工程运用时可省去压应力测试环节，由波速差可直接判断大概的膨胀压应力，进而对锚杆抗拔力是否满足设计要求进行初步预估。

5. 富水土体中锚杆抗拔力规律研究（以土质边坡区域五为例）

在土质边坡区域五中所用锚杆为 ϕ20 mm 纤维锚杆，膨胀剂掺量为 15%，锚固长度分别为 60 cm、80 cm、120 cm、140 cm、160 cm。锚杆抗拔力随锚固长度增加情况如图 8.30 所示。

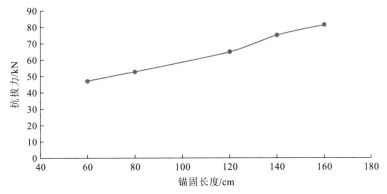

图 8.30 土质边坡区域五锚杆抗拔力随锚固长度变化规律

由图 8.30 可以看出，锚杆抗拔力随锚固长度近似线性增加。但与土质边坡区域三相比，土质边坡区域五锚杆抗拔力明显降低，这是因为土质边坡区域五土体较为松软，土壤含水率高，锚固体扩头效应较明显，详见表 8.6。

表 8.6 土质边坡区域五锚杆拉拔试验数据

编号	锚固长度 / cm	膨胀剂掺量 / %	抗拔力 / kN	锚固体周长 / cm	锚固体直径 / cm
5-1	60	15	46.76	39.2	12.484 076 4
5-10	80	15	52.39	39.4	12.547 770 7
5-11	120	15	64.45	39.7	12.643 312 1
5-3	140	15	74.47	39.6	12.611 465
5-5	160	15	80.85	39.1	12.452 229 3

需要说明的一点是，在较为密实坚硬的土体中，锚固体中既有膨胀压力存在，又产生了一定程度的扩头效应，而在较为松散柔软的土体中，锚固体主要表现为扩头效应。膨胀压力对抗拔力的提高具有更加显著的作用，这也是土质边坡区域五中膨胀剂掺量变大后，锚杆抗拔力不如土质边坡区域三的原因。

8.2.5 岩质边坡拉拔试验分析

岩质边坡拉拔试验区域主要分为两部分：一部分为 $\phi 28$ mm 螺纹钢拉拔试验区域，钻孔深度为 1 m，锚固长度为 60 cm，膨胀剂掺量分别为 0、10%、15%、20%、25%、30%；另一部分为 $\phi 32$ mm 螺纹钢拉拔试验区域，钻孔深度为 3 m，锚固长度和膨胀剂掺量与 $\phi 28$ mm 螺纹钢拉拔试验区域相同。拉拔试验过程中，分别记录锚杆位移随荷载变化情况、不同荷载下杆体应变情况及锚杆杆体所能承受的最大抗拔力。

1.岩质边坡锚杆抗拔力变化规律

拉拔试验结果显示，无论是 $\phi28$ mm 螺纹钢还是 $\phi32$ mm 螺纹钢，在添加膨胀剂后其锚杆抗拔力都显著提高，具体如表 8.7 和图 8.31 所示。

表 8.7 $\phi28$ mm、$\phi32$ mm 螺纹钢抗拔力

锚杆规格	膨胀剂掺量 / %	锚固长度 / cm	最大抗拔力 / kN	相对膨胀剂掺量为0的抗拔力增长率%	备注
$\phi28$ mm	0	60	125	—	—
	10	60	138	34.7	
	15	60	153	74.7	
	20	60	145	53.3	
	25	60	197	192	
	30	60	202	205	
$\phi32$ mm	0	60	341	—	抗拔力出现起伏波动与围岩性质有关，本节第 4 点有详细解释，属正常试验现象
	10	60	201	—	
	15	60	481	137	
	20	60	>500	>155	
	25	60	345	—	
	30	60	327	—	

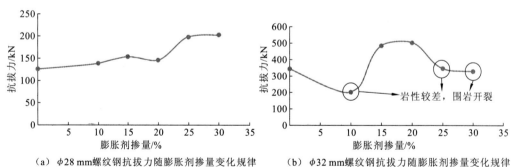

（a）$\phi28$mm螺纹钢抗拔力随膨胀剂掺量变化规律　　（b）$\phi32$mm螺纹钢抗拔力随膨胀剂掺量变化规律

图 8.31 不同直径螺纹钢抗拔力随膨胀剂掺量变化规律

由表 8.7 可以看出，浆体中添加膨胀剂后较水泥净浆抗拔力有大幅提高，最大增幅均超过 155%，尽管从数据结果上看，抗拔力并没有单纯随膨胀剂掺量的增加单调递增，但这并不说明该技术不可行，主要是因为自然环境下，岩体内部裂隙与结构面发育较为复杂，不同钻孔间岩性存在差异，才导致上述现象发生，这一点将在本节第 4 点结合声波测试结果与压力测试结果进一步解释说明。对比 $\phi28$ mm 螺纹钢与 $\phi32$ mm 螺纹钢的抗拔力结果不难发现，在相同锚固长度、相同膨胀剂掺量情况下，$\phi32$ mm 螺纹钢

较 ϕ28 mm 螺纹钢抗拔力增长了 2 倍之多，这除了与钢筋截面积增加和浆体接触面积增加有关外，更主要的原因是两者锚固段所处的深度不同， ϕ32 mm 螺纹钢锚固段更靠近岩体内部，其风化程度低，围岩约束能力强，存在地应力，这使膨胀水泥浆可以发挥其膨胀性能。由此可知，锚固段越靠近岩体内部，本技术越具有优势。需要说明的一点是，表 8.7 中 ϕ32 mm 螺纹钢膨胀剂掺量为 20% 时，其抗拔力已经超过了所用拉拔仪的量程（500 kN），未能从孔中拔出，因此其抗拔力应大于 500 kN。

2. 锚固段变形过程规律研究

通过拉拔试验得到不同荷载下锚杆位移曲线，不同膨胀剂掺量下荷载-位移曲线如图 8.32 所示。

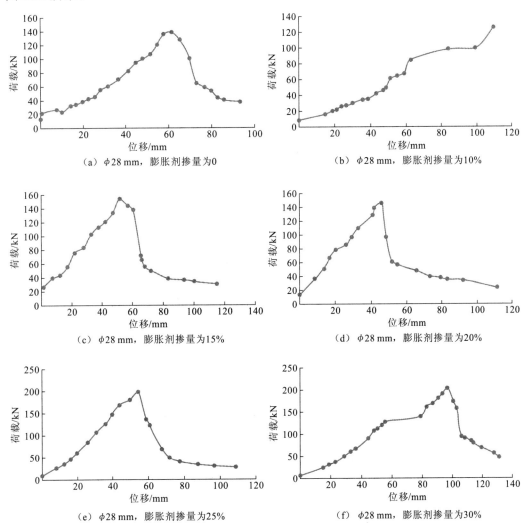

（a）ϕ28 mm，膨胀剂掺量为 0

（b）ϕ28 mm，膨胀剂掺量为 10%

（c）ϕ28 mm，膨胀剂掺量为 15%

（d）ϕ28 mm，膨胀剂掺量为 20%

（e）ϕ28 mm，膨胀剂掺量为 25%

（f）ϕ28 mm，膨胀剂掺量为 30%

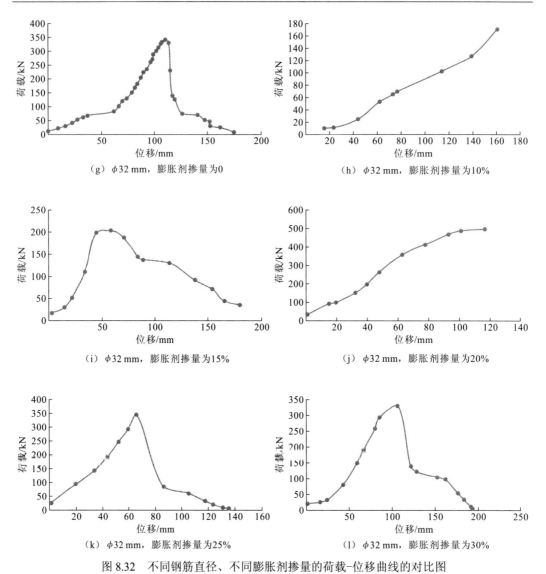

（g）ϕ32 mm，膨胀剂掺量为0

（h）ϕ32 mm，膨胀剂掺量为10%

（i）ϕ32 mm，膨胀剂掺量为15%

（j）ϕ32 mm，膨胀剂掺量为20%

（k）ϕ32 mm，膨胀剂掺量为25%

（l）ϕ32 mm，膨胀剂掺量为30%

图8.32　不同钢筋直径、不同膨胀剂掺量的荷载-位移曲线的对比图

分析 ϕ28 mm 螺纹钢与 ϕ32 mm 螺纹钢荷载-位移曲线图可以看出，锚杆的荷载-位移曲线有几个明显的特征段，详见 3.2.2 小节的第 1 点。

3. 岩体中锚杆轴力与剪应力分布规律研究

锚杆极限抗拔力的变化规律，是锚杆微观力学性质引起的宏观力学参数变化的具体表现，因此，探究锚杆界面应力随膨胀剂掺量的变化规律，对揭示锚杆极限抗拔力增长的原因，预测抗拔力增长的趋势，具有重要的意义。不同钢筋直径、膨胀剂掺量拉拔荷载下的轴力与剪应力随锚固长度变化对比图，如图 8.33～图 8.34。

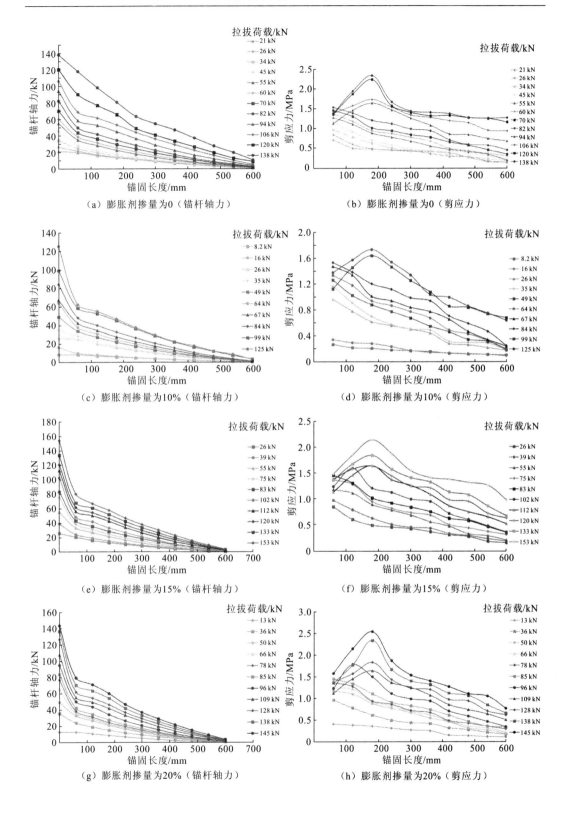

（a）膨胀剂掺量为0（锚杆轴力）　　　　　（b）膨胀剂掺量为0（剪应力）

（c）膨胀剂掺量为10%（锚杆轴力）　　　　（d）膨胀剂掺量为10%（剪应力）

（e）膨胀剂掺量为15%（锚杆轴力）　　　　（f）膨胀剂掺量为15%（剪应力）

（g）膨胀剂掺量为20%（锚杆轴力）　　　　（h）膨胀剂掺量为20%（剪应力）

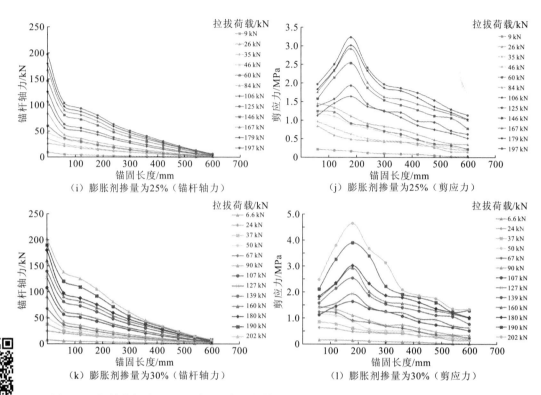

（i）膨胀剂掺量为25%（锚杆轴力）　　　　（j）膨胀剂掺量为25%（剪应力）

（k）膨胀剂掺量为30%（锚杆轴力）　　　　（l）膨胀剂掺量为30%（剪应力）

图8.33　钢筋直径为28mm时不同膨胀剂掺量的不同荷载下锚杆轴力与剪应力的对比图

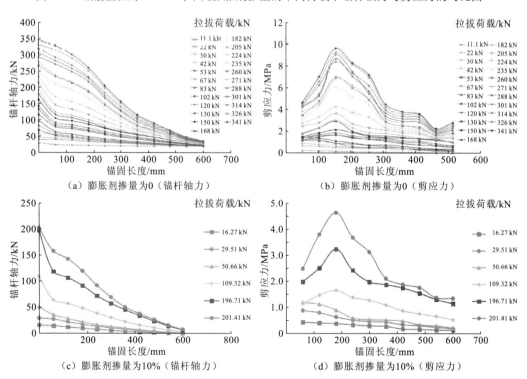

（a）膨胀剂掺量为0（锚杆轴力）　　　　（b）膨胀剂掺量为0（剪应力）

（c）膨胀剂掺量为10%（锚杆轴力）　　　　（d）膨胀剂掺量为10%（剪应力）

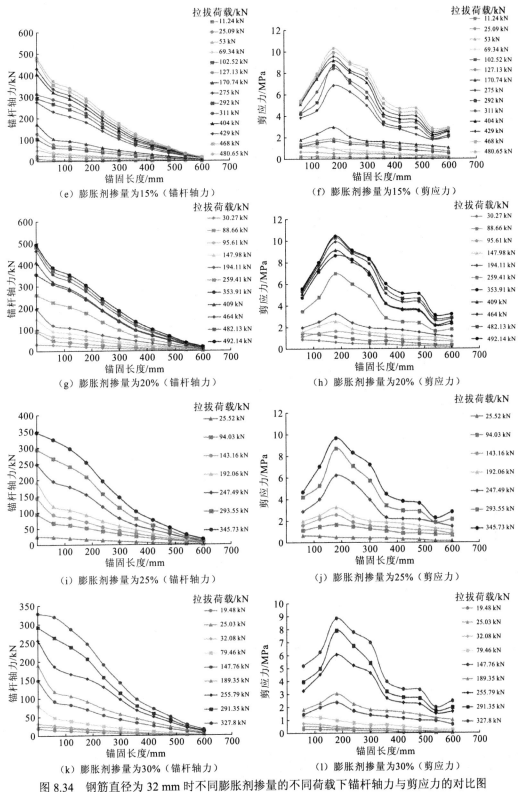

（e）膨胀剂掺量为15%（锚杆轴力）　　（f）膨胀剂掺量为15%（剪应力）

（g）膨胀剂掺量为20%（锚杆轴力）　　（h）膨胀剂掺量为20%（剪应力）

（i）膨胀剂掺量为25%（锚杆轴力）　　（j）膨胀剂掺量为25%（剪应力）

（k）膨胀剂掺量为30%（锚杆轴力）　　（l）膨胀剂掺量为30%（剪应力）

图 8.34　钢筋直径为 32 mm 时不同膨胀剂掺量的不同荷载下锚杆轴力与剪应力的对比图

1）剪应力和轴力变形特征分析

（1）从轴力分析，无论是 $\phi28$ mm 螺纹钢还是 $\phi32$ mm 螺纹钢，在不同荷载作用下，锚杆轴力均表现为在孔口附近较大，向锚固体深入的过程中，轴力逐渐减小，即使在较大荷载作用下，轴力向锚固体深部的传递范围也很小，集中在锚固体前端的 60 mm 区域内，随后有一个较为明显的跌落。膨胀剂掺量为 0、10%、15%、20%、25%、30%时均表现出上述规律。

（2）在相同荷载作用下，随着膨胀剂掺量的增加，锚杆轴力向锚固体深部传递的能力降低，以 $\phi28$ mm 螺纹钢为例，不同膨胀剂掺量下荷载为 82 kN 时，锚固长度为 60 mm 处，锚杆杆体轴力分别为 50 kN、46 kN、42 kN、40 kN、38 kN、36 kN。这说明，随着膨胀剂掺量的增大，锚固体前端需承载更多的拉拔荷载，锚固体承载能力较强。

（3）从剪应力分析，小荷载作用下，锚固体处于弹性阶段，剪应力峰值在锚固体前端；随着荷载的逐级增加，锚固体前端及内部剪应力增大，若荷载继续增加，前端剪应力下降，峰值向锚固体深处转移，锚杆进入滑移阶段。

（4）轴力与剪应力综合分析，拉拔荷载通过杆体传递给锚固体，在荷载较小时，前端锚固体处于弹性阶段，剪应力峰值处于锚固体顶端，轴力在前端的 60 mm 区域较大，向锚固体逐渐深入，剪应力和轴力迅速减小。随着荷载的增加，锚固体顶端发生黏结破坏，锚杆杆体产生滑移，锚固体前端剪应力迅速减小，峰值向深部转移。

（5）无论是否添加膨胀剂，锚杆杆体的轴力和剪应力在整个锚固长度上是分布极不均匀的，剪应力只在有限长（如 600 mm 内）的锚固段内发挥作用。

2）锚杆剪应力变化趋势分析

虽然锚杆在膨胀水泥浆锚固体中，在剪应力分布趋势上与水泥净浆基本相似，但剪应力峰值却有较大变化，从剪应力分布曲线中可以看出，剪应力峰值随膨胀剂掺量的增加而增大，当 $\phi28$ mm 螺纹钢膨胀剂掺量为 0、20%、25%、30%时，剪应力峰值为 2.3 MPa、2.53 MPa、3.2 MPa、4.6 MPa，最大值较最小值增加了 1 倍。$\phi32$ mm 螺纹钢膨胀剂掺量为 0、15%、20%时，剪应力峰值分别为 9.6 MPa、10.3 Mpa、10.45 MPa，最大值较最小值增大了 9%。因此，在锚固长度不变的情况下，大掺量膨胀剂高强预压锚固技术锚杆抗拔力提高的根本原因是剪应力峰值的增大，即锚固体的抗剪切能力提高。

4. 抗拔力异常点解释说明

由上述极限抗拔力可知，无论是 $\phi28$ mm 螺纹钢还是 $\phi32$ mm 螺纹钢，试验结果显示，抗拔力并没有随膨胀剂掺量的增加单调递增，而是存在一些偏差点。例如，$\phi28$ mm 螺纹钢膨胀剂掺量为 20%，$\phi32$ mm 螺纹钢膨胀剂掺量为 10%、25%和30%时，抗拔力都出现了不同程度的降低。这并不是由膨胀水泥浆性能不稳定或者其他人为因素造成的。其主要原因是锚固体所处的围岩状况，围岩的密实程度、抗拉强度都直接影响到膨胀水泥浆性能的发挥。若岩体较为松散，膨胀水泥浆在膨胀压力下会沿裂隙渗入岩体内部，导致锚固体长度降低、膨胀压力损失等不良结果。若岩体抗拉强度较低，当膨胀剂掺量较高导致产生的膨胀拉应力大于岩体的抗拉强度时，围岩发生胀裂破坏，锚固体失去约束，膨胀压力失效，抗拔力大幅降低。试验团队在钻孔完成后进行声波测试，在灌浆结束后进行压力测试等举措也都是针对此类现象，试图找到一种快速、便捷的方法，使在不破坏围岩的情况下，提高抗拔力。

下面结合声波测试结果及压力测试结果对 ϕ32 mm 螺纹钢抗拔力下降现象进行解释说明。

由于锚杆并不是全长锚固的，只需要考虑锚固段长度范围内围岩性质即可，因此对锚固段长度范围尾音进行声波测试，锚固段范围声波数据如表 8.8。

表 8.8　ϕ32 mm 锚杆孔洞锚固段声波数据简表

膨胀剂掺量 / %	孔洞号	孔径 / mm	孔深 / m	测试深 / m	声波时差 / us	跨距差 / mm	单孔波速差值 / (km/s)
10	Y1-1	90	3	2.7	181	200	1.105
15	Y1-2	90	3	2.6	80	200	2.5
20	Y1-3	90	3	2.8	120	200	2.075
25	Y1-4	90	3	2.6	123	200	1.626
30	Y1-5	90	3	2.6	155	200	1.428

下面结合孔洞压力测试、声波测试及洞内影像拍摄对各孔壁围岩情况做进一步分析，并解释抗拔力出现偏差的原因。

分析图 8.35 可得出：孔洞 Y1-1 压力稳定在 1.115 87 kN 左右，锚固段波速差为 1.105 km/s，同时根据影像图及现场试验知，该孔洞中有岩屑，岩体比较粗糙，可以明显看到砾石，且胶结的岩石具有棱角，初步判断孔洞 Y1-1 为较为松散的泥质砂岩。

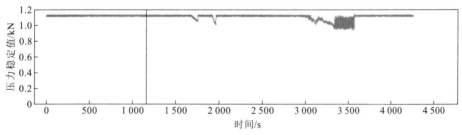

（a）孔洞Y1-1（10%膨胀剂掺量）锚固体终凝后压力稳定值

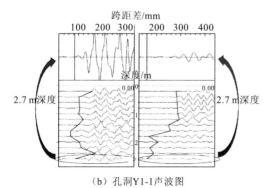

（b）孔洞Y1-1声波图　　　　　（c）孔洞Y1-1影像图

图 8.35　孔洞 Y1-1 压力、声波、影像图

分析图 8.36 可得出：孔洞 Y1-2 压力稳定在 1.589 31 kN 左右，锚固段波速差为 2.5 km/s，同时根据影像图及现场试验知，岩体比较粗糙，可以明显看到砾石，且胶结的岩石具有棱角，判断孔洞 Y1-2 为较为完整的砂岩。岩体岩性较好，岩体坚硬，且颜色为深灰色，初步判断孔洞 Y1-2 为灰岩。

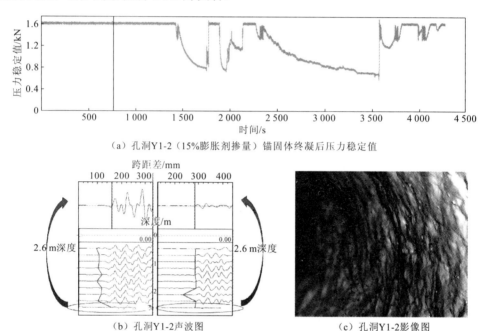

（a）孔洞 Y1-2（15%膨胀剂掺量）锚固体终凝后压力稳定值

（b）孔洞 Y1-2 声波图　　　　（c）孔洞 Y1-2 影像图

图 8.36　孔洞 Y1-2 压力、声波、影像图

分析图 8.37 可得出：孔洞 Y1-3 压力稳定在 1.836 99 kN 左右，锚固段波速差为 2.075 km/s，同时根据影像图及现场试验知，岩体岩性较好，岩体较坚硬，且颜色为深灰色，初步判断孔洞 Y1-3 为微风化灰岩。

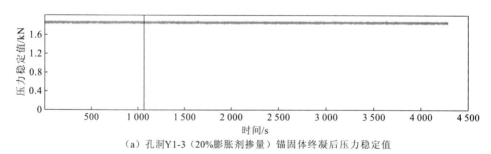

（a）孔洞 Y1-3（20%膨胀剂掺量）锚固体终凝后压力稳定值

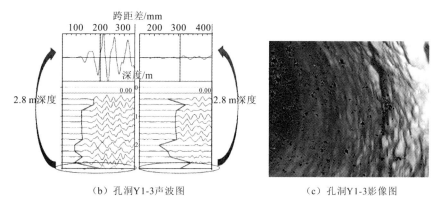

（b）孔洞 Y1-3 声波图　　　　　　　　（c）孔洞 Y1-3 影像图

图 8.37　孔洞 Y1-3 压力、声波、影像图

分析图 8.38 可得出：孔洞 Y1-4 压力稳定在 1.307 75 kN 左右，锚固段波速差为 1.626 km/s，同时根据影像图及现场试验知，岩体比较粗糙，可以明显看到砾石，且胶结的岩石具有棱角，判断孔洞 Y1-4 为较为完整的泥质砂岩。

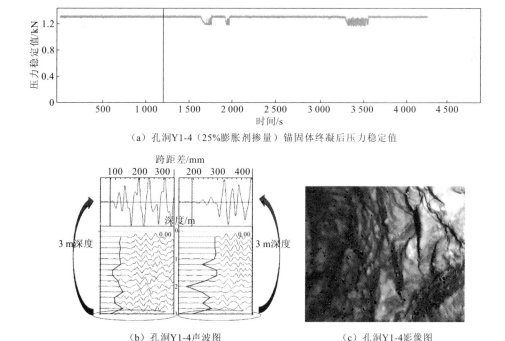

（a）孔洞 Y1-4（25%膨胀剂掺量）锚固体终凝后压力稳定值

（b）孔洞 Y1-4 声波图　　　　　　　　（c）孔洞 Y1-4 影像图

图 8.38　孔洞 Y1-4 压力、声波、影像图

分析图 8.39 可得出：孔洞 Y1-5 压力稳定在 1.284 57 kN 左右，锚固段波速差为 1.428 km/s，同时根据影像图及现场试验知，岩体比较粗糙，岩石特征为细粒砂岩，初步判断孔洞 Y1-5 为中风化泥质粉砂岩。

综合分析孔洞压力测试、声波测试、洞内影像采集结果，并与抗拔力结果进行对比分析，得到表 8.9。

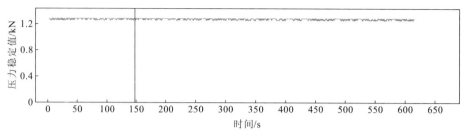

（a）孔洞Y1-5（30%膨胀剂掺量）锚固体终凝后压力稳定值

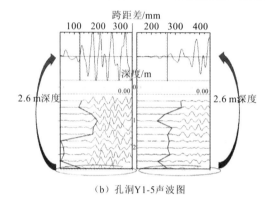

（b）孔洞Y1-5声波图　　　　　　　　　（c）孔洞Y1-5影像图

图 8.39　孔洞 Y1-5 压力、声波、影像图

表 8.9　ϕ32 mm 锚杆抗拔力、锚固体压力、孔洞波速差综合数据表

孔洞编号	膨胀剂掺量 /%	稳定压力 / kN	稳定压应力 / MPa	波速差 / (km/s)	最大抗拔力/kN	单位锚固长度相对膨胀剂掺量为 0 的抗拔力增长率 / %	备注
Y1-1	10	1.115 87	14.21	1.105	201	—	围岩开裂，散体
Y1-2	15	1.589 31	20.25	2.500	481	137	—
Y1-3	20	1.836 99	23.40	2.075	>500	>155	—
Y1-4	25	1.307 75	16.66	1.626	345	—	围岩开裂，散体
Y1-5	30	1.284 57	16.36	1.428	327	—	围岩开裂，散体

由表 8.9 可知，影响锚杆抗拔力的因素除膨胀剂掺量外，还有围岩的性质，当围岩性质较好，同时波速差较大时，围岩能为锚固体提供较好的约束，膨胀压力往往较大，抗拔力也相应提高。反之，若围岩性质较差，波速差较小，则围岩不能很好约束锚固体，膨胀压力较小，抗拔力提高幅度小。更为特殊的是，当膨胀压力过大将围岩胀裂时，抗拔力较不添加膨胀剂的锚杆而言变得更小，这也是孔洞 Y1-1（10%膨胀剂掺量）抗拔力变小的原因。

8.3　本章小结

在三峡库区开展大规模野外现场试验，应用非金属声波测试技术、压力测试技术、应变采集技术、内窥镜探洞摄像技术等多种技术手段，配合多项专利技术进行锚杆拉拔试验，总结并完善膨胀水泥浆岩土体锚固技术。

（1）在土体中，锚固体的扩头效应与上部土体的压覆作用共同使抗拔力增加显著。自膨胀锚固体的单位锚固长度抗拔力较普通锚固体最大增幅可达 294%。钻孔周围土体性质不一，导致锚固体膨胀程度不同，从而影响抗拔力。

（2）相同膨胀剂掺量下，锚固体内膨胀压力沿锚固体深度增加，且膨胀压力与锚固体深度近似呈指数函数关系。

（3）在岩体中，当围岩可提供较好的约束条件时，膨胀压力往往较大，抗拔力提高明显，单位锚固长度抗拔力较普通水泥浆最大增幅可达 155%以上；当围岩不能提供较好的约束时，膨胀压力较小，抗拔力提高幅度小，甚至当膨胀压力导致围岩胀裂时，抗拔力较普通锚杆还小。

（4）从轴力分析，无论是 ϕ28 mm 螺纹钢还是 ϕ32 mm 螺纹钢，在各级荷载作用下，锚杆轴力均表现为在孔口附近较大，向锚固体深入的过程中，轴力逐渐减小，集中在锚固体前端的 60 mm 范围内。在同一拉拔荷载作用下，随着膨胀剂掺量的增大，锚杆轴力向锚固体内部的传递呈现减弱趋势。

（5）从剪应力分析，小荷载作用下，锚固体处于弹性阶段，剪应力峰值在锚固体前端；随着荷载的逐级增加，锚固体前端及内部剪应力逐渐增大，若荷载继续增加，前端剪应力下降，峰值向锚固体深处转移，锚杆进入滑移阶段。

第 9 章

高强预压锚固技术设计方法

9.1　最适膨胀剂掺量确定方法

通过岩质边坡现场拉拔试验可以发现，当膨胀剂掺量较低时，抗拔力增幅不明显，膨胀水泥浆不能最大限度地为锚杆提供抗拔力；当膨胀剂掺量过高时，围岩可能会因为锚固体过大的膨胀压力而发生拉裂破坏，这时锚固体因为失去约束会膨胀甚至出现散体。因此，如何找到最优的膨胀剂掺量，使其最大限度提高抗拔力是该技术的一个关键问题。对此，提出一种能快速确定最优膨胀剂掺量的方法，并已申请专利，专利号为 201710043520.4。

本技术可解决以下问题：能解决在锚固工程中由膨胀剂掺量选择不当引起的岩体胀裂破坏；能解决在野外施工现场无法准确获取岩石的抗拉强度，从而无法确定膨胀剂的掺量，导致抗拔力不满足工程要求的问题，该发明可在现场快速确定膨胀水泥浆中的最适膨胀剂掺量，从而避免了室内试验获取岩石抗拉强度的烦琐流程，缩短了工期及膨胀剂掺量添加的准确性。

为解决上述技术问题，本技术所采用的技术方案包括以下步骤。

步骤 1：在边坡等间距任意钻取 n 个直径为 a' 和深度为 h' 的孔洞，并编号，保证孔壁完整无裂隙，对各孔洞进行声波测试，根据波速对孔洞进行分类。

步骤 2：根据分类结果初步确定膨胀剂的添加范围，再根据锚固长度 $L_a(L_a < h')$ 计算膨胀水泥浆中各成分的质量，以 $x\%$（根据工程需要精度取值）增量逐级递增，配制不同掺量的膨胀性水泥浆体；选择长度为 x（$x > h'$）的锚杆，锚杆锚固段等间距 z 布置压力传感器。

步骤 3：将锚杆植入孔洞，用普通水泥浆灌注深度 d'，待普通水泥浆初凝后，将不同膨胀剂掺量的浆体分别注入孔洞，记录不同编号孔洞所对应的膨胀剂掺量，并用哑铃状装置封面。

步骤 4：灌浆完毕后，接通压力采集系统采集膨胀压应力，记录不同编号孔洞的膨胀压力数据，同时将内窥镜伸入孔洞，观察孔内壁是否出现裂纹，并记录下不同编号孔洞的胀裂情况。

步骤 5：根据步骤 4 测得的数据绘制不同编号孔洞中力-时间曲线图，联合内窥镜观察裂纹情况，初步确定最适膨胀剂水泥浆配合比的近似范围。

步骤 6：在步骤 5 确定的近似范围内，使用二分法分多组后重复步骤 1～5，得出最适膨胀剂水泥浆配合比（试验重复次数由工程精度要求确定）。

步骤 1 中，在围岩上任意钻取 n 个直径为 a'、深为 h' 的孔洞，每两孔洞相距 2 m，保证孔洞完整无裂隙，以便后面进行内窥镜观察，并且压力采集数据不受影响。

步骤 2 中，根据步骤 1 初步确定膨胀水泥浆体中膨胀剂的添加范围，以 $x\%$ 的增量逐级递增制成不同膨胀剂掺量的膨胀性水泥浆体，x 的取值均为正数，且 $x\%$ 取值由工程精度需要确定，在一般工程中 $x\%$ 的取值都不会超过 50%。

步骤 3 中，将锚杆放入孔洞，用普通水泥浆灌注深度 d'，目的是用普通水泥浆将锚杆居中定位于孔洞中；待普通水泥浆初凝后，将不同掺量的膨胀性水泥浆体分别注入有编号的孔洞，浆体从里至外灌注，为避免水泥浆体倾落流出，使用哑铃状装置固定，其中哑铃状装置示意图和实物图如图 9.1 所示。

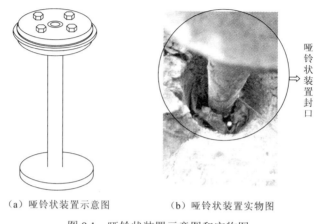

（a）哑铃状装置示意图　　　　　（b）哑铃状装置实物图

图 9.1　哑铃状装置示意图和实物图

步骤 4 中，用压力采集系统采集膨胀压应力，与内窥镜观察的内壁胀裂情况相结合，更加精确地判断孔壁在不同膨胀剂掺量下的胀裂情况，找到孔壁胀裂时对应最小膨胀剂掺量的一组水泥浆，将其作为范围下限，将未胀裂中最大膨胀剂掺量的一组水泥浆作为范围上限，即初步最适膨胀剂水泥浆配合比的近似范围。

步骤 5 中，根据步骤 4 测得的压力绘制不同编号孔洞中力-时间曲线图，按照曲线是否存在突然大幅度下降对所有力-时间曲线图进行分类，将存在突然大幅度下降的分为第一组，不存在突然大幅度下降的分为第二组，对比内窥镜观察记录的裂纹情况，然后在第一组中找出膨胀剂掺量最低且已经出现裂纹的一个，将其作为最适膨胀剂水泥浆配合比的近似范围的下限，在第二组中找出膨胀剂掺量最高且没有出现裂纹的一个，将其作为最适膨胀剂水泥浆配合比的近似范围的上限，即可初步确定最适膨胀剂水泥浆配合比的近似范围。

步骤 6 中，对步骤 3 所述哑铃状装置进行说明，哑铃状装置由螺杆螺帽、橡皮垫、刚性圆盘、圆环轴杆构成，哑铃状装置在工程中的使用方法：注浆完毕，将哑铃状装置有橡皮垫一端先套在锚杆上，并对准伸入孔洞，直至有橡皮垫一端与浆体贴合紧密后，再使用锚杆托盘固定哑铃状装置另一端，即完成封口或拖口。

应用上述方法确定最适膨胀剂掺量后，还需通过现场拉拔试验确定最小锚固长度。

第一，对胀裂试验中，最适膨胀剂掺量对应孔洞的锚杆开展拉拔试验，得到其对应锚固长度 L_a 的最大抗拔力 F_k。

第二，假设锚固长度与抗拔力呈线性关系，计算所要选用锚杆的极限承载力 J 与抗拔力 k 的比值，将其作为长度缩放系数 s。

第三，将锚固长度 $L_a = s \times d'$ 作为现场拉拔试验设计的中间值，并以 5 cm 为长度梯度设计五组试验，即长度分别为 L_a-10 cm、L_a-5 cm、L_a、L_a+5 cm、L_a+10 cm。

第四，根据上述锚固长度，选用最适膨胀剂掺量开展锚杆拉拔试验，将锚杆滑移前发生断裂（钢筋拔断前，锚固体不被拔出）对应的长度作为试验设计的上限。

第五，采用二分法重复上述步骤，直至满足工程所需精度要求，找到最小锚固长度。

应用上述方法在较好解决围岩开裂问题的同时，能最大限度地提高锚杆抗拔力，这使膨胀水泥浆岩土体锚固技术扫清了应用障碍。在锚固长度不变的情况下，膨胀水泥浆锚固体较普通水泥浆而言能大幅提高抗拔力，提高安全储备；在抗拔力满足设计要求不变的情况下，能缩短锚固长度，节省施工成本。同时，膨胀水泥浆锚固体较水泥净浆而言，更加密实完整。

9.2 最适膨胀剂掺量现场确定

9.2.1 现场胀裂试验

应用上述方法，在岩质边坡开展现场胀裂试验，验证该方法的可行性，并完善方法步骤。

试验方案：根据拉拔试验结果可知，膨胀剂掺量为 15%～30%时抗拔力提高效果较为明显，因此现场胀裂试验重点考虑 15%～30%的膨胀剂掺量情况。具体分组见表 9.1。

表 9.1 现场胀裂试验方案

膨胀剂掺量 / %	孔深 /m	孔径 /mm	锚固长度 /cm	平行对照个数
5	1.5	90	15	1
10	1.5	90	15	2
15	1.5	90	15	3
20	1.5	90	15	5
25	1.5	90	15	4
30	1.5	90	15	3
40	1.5	90	15	1

试验目的：提出一种现场能快速确定适用于岩体的最优膨胀剂掺量的方法。

试验步骤：现将 5%～30%的膨胀剂掺量作为一组试验，对该试验的实施步骤具体说明如下。

步骤 1：如图 9.2 所示，选择岩质边坡，在边坡原位上钻取 6 个孔洞，并对孔洞编号，分别为 A1、A2、A3、A4、A5、A6。孔洞直径均为 90 mm，孔深均为 1.5 m，两孔间距为 1.0 m，然后使用声波测试仪测试各孔洞，孔洞 A1～A6 的波速如表 9.2 所示，根据波速对孔洞内部岩石进行判断分类，初步判定为砂岩。

（a）声波测试仪　　　　　　　　　　　　（b）孔洞测试

图 9.2　声波测试仪及现场测试图

表 9.2　孔洞 A1～A6 波速

孔洞编号	孔径 /mm	孔深 /m	测面	测试深度 /m	声时差 /us	跨距差 /mm	波速差 /（km/s）
A1	90	1.5	1-2	1.2	137	200	1.46
A2	90	1.5	1-2	1.2	135	200	1.481
A3	90	1.5	1-2	1.1	126	200	1.587
A4	90	1.5	1-2	1.2	108	200	1.852
A5	90	1.5	1-2	1.2	132	200	1.515
A6	90	1.5	1-2	1.2	89	200	2.247

步骤 2：选择长度为 2.0 m 的锚杆，在距离锚杆底部 5 cm 处布置压力传感器；根据锚固长度为 15cm 计算出膨胀水泥浆中各成分的质量，以 5% 的增量逐级递增，制成不同膨胀剂掺量的膨胀性水泥浆体，即取普通水泥质量分别为 285 g、270 g、255 g、240 g、225 g、210 g，共 6 组，对应取膨胀剂质量分别为 15 g、30 g、45 g、60 g、75 g、90 g，再称出 6 组温水，每组质量为 300 g，并将 6 组依次标记为 1、2、3、4、5、6，然后将所称取的水泥、膨胀剂倒入搅拌桶搅拌，搅拌均匀后再加入水进行搅拌，配制成不同膨胀剂掺量下的膨胀水泥浆 6 组：5%、10%、15%、20%、25%、30%。

步骤 3：先将选取好的锚杆放入每个孔中，再用普通水泥浆灌注 5 cm 深，待普通水泥浆初凝后，将不同掺量的膨胀性水泥浆体分别注入对应编号的孔洞，并记录下不同编号孔洞所对应的膨胀剂掺量：5%（A1）、10%（A2）、15%（A3）、20%（A4）、25%（A5）、30%（A6），最后用刚性圆盘支撑架进行拖口封面。

步骤 4：灌浆完毕后，接通压力采集系统采集膨胀压力，对应记录不同编号孔洞的膨胀压力数据，同时观察孔洞内壁是否出现裂纹并记录下不同编号孔洞的胀裂情况，全天候压力测试图如图 9.3 所示。

步骤 5：根据步骤 4 测得的数据得出不同编号孔洞中膨胀压应力-时间曲线图，根据图 9.4 中 A1～A5 得出在掺量为 5%～25% 的膨胀剂下，膨胀压应力随时间增加而增加，根据图 9.4 中 A6 得出在掺量为 30% 的膨胀剂下，压应力随时间增加（0～500 s）呈上升趋势，在 500 s 时达到最大值 12.121 MPa，500 s 之后压应力呈下降趋势，即在此刻由于膨胀压应力过大出现孔洞内壁胀裂情况；1950 s 压应力突变为 5.634 MPa，呈下降趋势之

（a）日间测试

（b）夜间测试

图 9.3 压力测试

后稳定在 3.334 MPa 左右，说明此时孔内岩壁已被胀裂，同时观察裂纹情况，可以观察到孔壁出现明显的裂纹，如图 9.5（b）所示。故将膨胀剂掺量为 25%作为初步确定最适膨胀剂水泥浆的配合比，胀裂试验结果如表 9.3 所示。

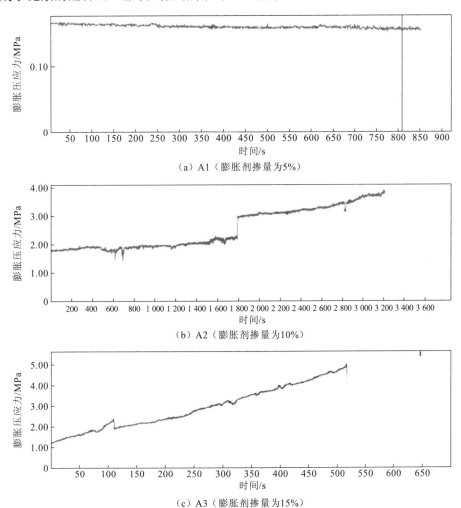

（a）A1（膨胀剂掺量为5%）

（b）A2（膨胀剂掺量为10%）

（c）A3（膨胀剂掺量为15%）

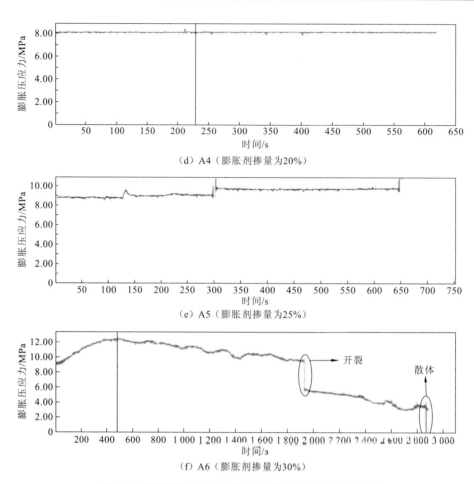

（d）A4（膨胀剂掺量为20%）

（e）A5（膨胀剂掺量为25%）

（f）A6（膨胀剂掺量为30%）

图 9.4　不同膨胀剂掺量锚固体终凝后压应力稳定值图

（a）25%膨胀剂掺量下未开裂

（b）30%膨胀剂掺量下出现裂纹

图 9.5　不同膨胀剂掺量围岩开裂情况

表9.3　胀裂试验结果

孔洞编号	锚固长度 / cm	膨胀剂掺量/%	稳定压应力/MPa	波速差/（km/s）	裂纹情况
A1	15	5	0.152	2.062	无
A2	15	10	2.814	2.273	无
A3	15	15	4.315	2.041	无
A4	15	20	7.943	2.105	无
A5	15	25	9.807	2.02	无（最优）
A6	15	30	3.334	2.222	有

9.2.2　胀裂试验数值模拟计算

为进一步对现场胀裂试验的准确性进行验证，并初步提出一种数值计算的方法，使用有限元软件 ADINA 对现场胀裂试验进行数值模拟，建立如图 9.6 所示的三维模型，立方体边长为 1 m，内部钻孔直径为 0.1 m，长度为 0.6 m。根据现场胀裂试验中测得的膨胀压力，分别在钻孔内壁施加环向面力，以模拟不同膨胀剂掺量对应的膨胀压力。在立方体 X、Y、Z 三个方向施加约束，如图 9.6 所示。

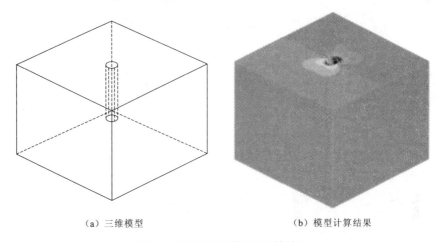

（a）三维模型　　　　　　　　　　　　（b）模型计算结果

图 9.6　膨胀锚固模型及计算结果

1. 计算模型及结果

根据现场胀裂试验中 5%、25%、30% 三种膨胀剂掺量对应的膨胀压力变化值设置时间函数与时间步，计算结果如图 9.7～图 9.9 所示。

分析图 9.7～图 9.9 得到：

（1）对 5% 膨胀剂掺量对应的计算结果进行分析，选取钻孔中横切面及 Y 轴纵剖面，结合孔壁位移及塑性区可以看出孔壁变形较小，最大位移仅为 0.3 mm，由此可以看出膨胀压力作用下，钻孔围岩未被破坏，对锚固体具有较好的约束。25% 膨胀剂掺量对应的计算结果中，孔壁最大位移达到了 1.7 mm，而 30% 膨胀剂掺量对应的孔壁最大位移为 7.2 mm，此时孔壁围岩发生破坏，对锚固体失去约束，这也与现场胀裂试验结果一致。

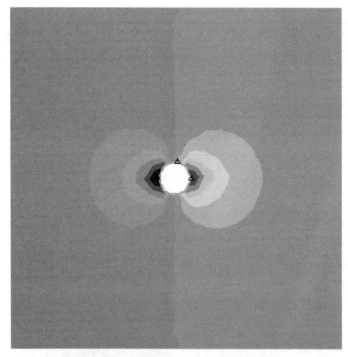

1-DJSPLACEMENT
TIME 10.00

0.0003150
0.0002700
0.0002250
0.0001800
0.0001350
0.0000900
0.0000450
0.0000000
-0.0000450
-0.0000900
-0.0001350
-0.0001800
-0.0002250
-0.0002700
-0.0003150

MAXJMUM
△ 0.0002958
NODE 265
MINLMUM
* -0.0003000
NODE 250

（a）5%膨胀剂掺量孔深0.3 m处横切面位移

1-DJSPLACEMENT
TIME 10.00

0.0003500
0.0003000
0.0002500
0.0002000
0.0001500
0.0001000
0.0000500
0.0000000
-0.0000500
-0.0001000
-0.0001500
-0.0002000
-0.0002500
-0.0003000
-0.0003500

MAXJMUM
△ 0.0003572
NODE 268
MINLMUM
* -0.0003793
NODE 253

（b）5%膨胀剂掺量Y轴纵剖面位移

（c）5%膨胀剂掺量孔深0.3 m处横切面塑性区

（d）5%膨胀剂掺量Y轴纵剖面塑性区

图 9.7　5%膨胀剂掺量下计算结果云图

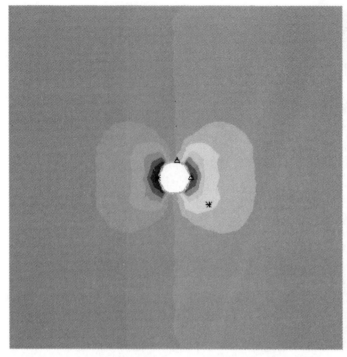

（a）25%膨胀剂掺量孔深0.3 m处横切面位移

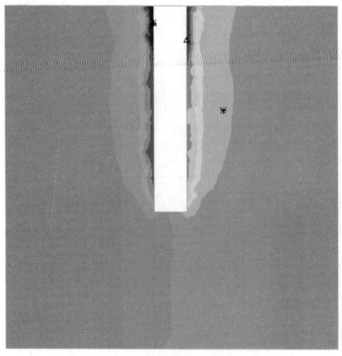

（b）25%膨胀剂掺量Y轴纵剖面位移

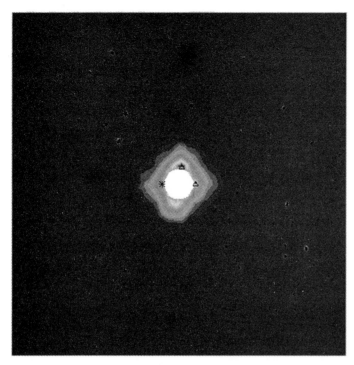

（c）25%膨胀剂掺量孔深0.3 m处横切面塑性区

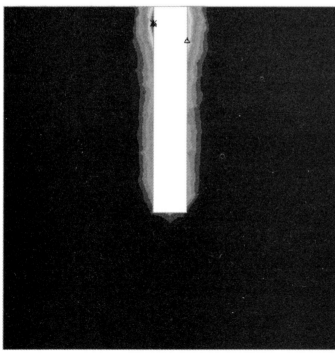

（d）25%膨胀剂掺量Y轴纵剖面塑性区

图 9.8　25%膨胀剂掺量下计算结果云图

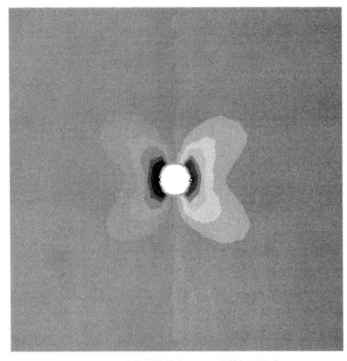

1-DJSPLACEMENT
TIME 10.00

0.003500
0.003000
0.002500
0.002000
0.001500
0.001000
0.000500
0.000000
-0.000500
-0.001000
-0.001500
-0.002000
-0.002500
-0.003000
-0.003500

MAXJMUM
△ 0.003447
NODE 265
MINLMUM
* -0.003672
NODE 250（-0.003673）

（a）30%膨胀剂掺量孔深0.3 m处横切面位移

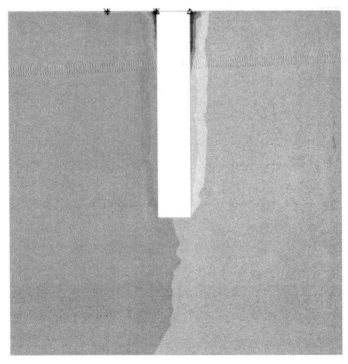

1-DJSPLACEMENT
TIME 10.00

0.007200
0.006000
0.004800
0.003600
0.002400
0.001200
0.000000
-0.001200
-0.002400
-0.003600
-0.004800
-0.006000
-0.007200
-0.008400
-0.009600

MAXJMUM
△ 0.007385
NODE 211（0.007387）
MINLMUM
* -0.008769
NODE 12（-0.008772）

（b）30%膨胀剂掺量Y轴纵剖面位移

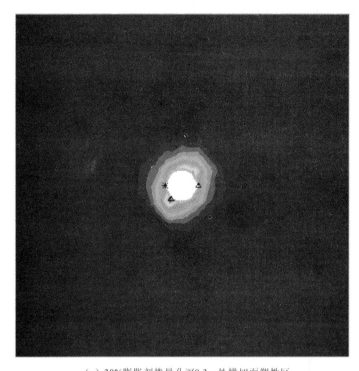

SMOOTHED
ACCUM
EFF
PLASTIC
STRALN
RST CALC
TIME 10.00

0.003500
0.003250
0.003000
0.002750
0.002500
0.002250
0.002000
0.001750
0.001500
0.001250
0.001000
0.000750
0.000500
0.000250
0.000000

MAXJMUM
△ 0.0003528
MODE 2870（0.003690）
MINLMUM
* -1.087×10^{-12}
NODE 7520（0.000）

（c）30%膨胀剂掺量孔深0.3 m处横切面塑性区

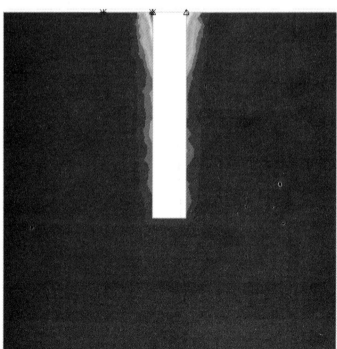

SMOOTHED
ACCUM
EFF
PLASTIC
STRALN
RST CALC
TIME 10.00

0.008400
0.007800
0.007200
0.006600
0.006000
0.005400
0.004800
0.004200
0.003600
0.003000
0.002400
0.001800
0.001200
0.000600
0.000000

MAXJMUM
△ 0.008445
MODE 12（0.008448）
MINLMUM
* -1.817×10^{-12}
NODE 519（0.000）

（d）30%膨胀剂掺量Y轴纵剖面塑性区

图 9.9　30%膨胀剂掺量下计算结果云图

（2）数值计算的结果与现场胀裂试验结果较为一致，也验证了现场快速确定最适膨胀剂掺量方法的准确性，同时为今后膨胀剂掺量的确定提供了新思路。当然，本节计算方法选用的计算模型及考虑的因素较为单一，今后应进一步优化改进，使其更符合真实工况。

2. 膨胀水泥浆锚固技术的一般施工流程

结合提出的技术方法及现场应用试验，现给出膨胀水泥浆锚固技术一般施工流程，如图 9.10 所示。

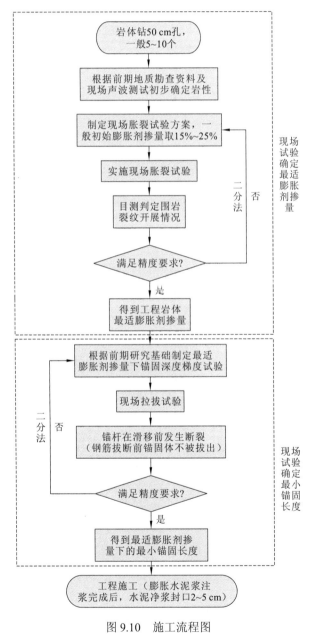

图 9.10　施工流程图

关于施工流程的几点说明如下。

（1）对于较为常见岩体，岩性较为确定的边坡，现场胀裂试验只需钻浅孔（50 cm），直接目测胀裂裂纹即可判断，对于较为复杂岩体，根据工程需要钻深孔（>50cm）时，胀裂结果可通过内窥镜观测并配合膨胀压力来确定。

（2）尽管声波测试技术在工程中并不常用，但声波测试结果能大大提高胀裂试验效率：声波测试结果使岩性进一步明确，缩小膨胀剂掺量范围。类似岩体中，最适膨胀剂掺量可根据波速测试结果直接选取，省去了胀裂试验的程序。

（3）最适膨胀剂掺量的确定与最小锚固长度的确定均选取工程中最不利情况进行试验，浅层岩体由于风化与临空面的存在，其围岩往往较深层岩体性质较差。由研究结果可知，锚固体膨胀压力随锚固长度增加呈指数上升，因此在深层岩体中选取最适膨胀剂掺量有更好的效果。最小锚固长度为不使锚杆断裂的临界长度，若锚固长度继续增加，能大大提高锚杆安全储备。

9.3 高强预压锚固技术参数优化设计方法

由 8.2.5 小节分析可得膨胀水泥浆作为锚固体时，岩质边坡拉拔试验区域主要分为两部分，一部分为 ϕ28 mm 螺纹钢拉拔试验区域，钻孔深度为 1 m，锚固长度为 60 cm，膨胀剂掺量分别为 0、10%、15%、20%、25%、30%。另一部分为 ϕ32 mm 螺纹钢拉拔试验区域，钻孔深度为 3 m，锚固长度为 60 cm，膨胀剂掺量分别为 0、10%、15%、20%、25%、30%。拉拔试验过程中，记录不同荷载下杆体所能承受的最大抗拔力。

虽然膨胀水泥浆作为锚固体时，锚杆抗拔力提高效果显著，为使该锚固技术更好地应用于工程中，本节对该锚固技术相关设计参数优化方法进一步改进，且该优化效果也进一步证明了该锚固技术的优越性。

1. 膨胀水泥砂浆锚固技术设计参数优化效果分析

1）当锚杆设计参数不变时，优化传统锚固技术效果分析

根据现场试验，岩体锚杆极限抗拔力达到普通水泥浆抗拔力的 141%以上，可知膨胀水泥浆锚固技术相比传统锚固技术，锚杆抗拔力大幅提升。在保证工程安全的前提下，可以优化锚杆设计参数，该技术可大幅降低工程成本，具有广阔的工程应用前景和推广价值。

2）当锚杆极限抗拔力不变时，锚杆设计参数优化效果分析

根据现场试验结果，对岩层和锚固力、钢筋强度、M30 砂浆强度三个方面决定的各层锚杆的极限抗拔力进行计算分析，最终得到膨胀水泥砂浆锚固技术设计参数的优化。

（1）由岩层和锚固力决定的极限抗拔力：

$$T_u = \xi_1 \pi D l_a f_{rb} \tag{9.1}$$

式中：D 为锚杆锚固段钻孔直径，mm；ξ_1 为钢筋抗拉工作条件参数，取 1.0；f_{rb} 为砂浆与杆体材料间的黏结强度设计值，kPa；l_a 为锚杆锚固长度，m。

当锚固体未添加膨胀剂时，岩层和锚固力决定的极限抗拔力为 $T_u = \xi_1 \pi D l_a f_{rb}$，锚杆锚固段钻孔直径为 $D = \dfrac{T_u}{\xi_1 \pi l_a f_{rb}}$，当锚固体添加 $A\%$ 掺量的膨胀剂后，极限抗拔力为 $T_u' = \xi_1 \pi D' l_a f_{rb}$，锚固段钻孔直径为 D'，此时 $T_u' > T_u$，即添加 $A\%$ 掺量的膨胀剂后，极限抗拔力 T_u' 大于未添加膨胀剂的锚杆极限抗拔力 T_u；在满足相同工程条件下，即 $T_u' = T_u$，对于添加一定掺量的膨胀剂锚杆，在其他参数不变的情况下，工程中可考虑减少锚杆锚固段钻孔直径 D，即在保证工程安全的前提下，可考虑减少锚固段直径，极大节约施工成本。

同理，对于添加一定掺量膨胀剂的锚固体，在其他参数不变和保证工程安全的前提下，工程中也可考虑选用设计强度等级更低的钢筋，从而大幅节约成本。

（2）由钢筋强度决定的极限抗拔力：

$$T_u = A_s \xi_2 f_y / \gamma_0 \tag{9.2}$$

式中：A_s 为锚杆钢筋的截面面积；ξ_2 为钢筋抗拉工作条件参数，永久性锚杆取 0.69，临时性锚杆取 0.92；f_y 为钢筋的设计强度；γ_0 为边坡工程重要性系数。

当锚杆锚固体未添加膨胀剂时，钢筋强度决定的极限抗拔力为 $T_u = A_s \xi_2 f_y / \gamma_0$，锚杆钢筋的截面面积为 $A_s = T_u \gamma_0 / \xi_2 f_y$；当锚杆锚固体添加 $A\%$ 掺量的膨胀剂后，极限抗拔力为 $T_u' = A_s' \xi_2 f_y / \gamma_0$，锚杆钢筋的截面面积为 $A_s' = T_u' \gamma_0 / \xi_2 f_y$，此时 $T_u' > T_u$，即添加 $A\%$ 掺量的膨胀剂后，锚杆锚固体的极限抗拔力 T_u 大于未添加膨胀剂的锚杆极限抗拔力 T_u'；在满足相同工程条件下，即 $T_u' = T_u$，对于添加一定掺量的膨胀剂锚杆，在其他参数不变的情况下，工程中可考虑降低锚杆钢筋的截面面积 A_s，在保证工程安全的前提下，可大幅降低钢筋使用量，极大节约施工成本。

同理，对于添加一定掺量的膨胀剂锚杆，在其他参数不变的情况下，工程中也可考虑选用设计强度等级更经济的钢筋。

由表 9.4 可知，当未添加膨胀剂时，根据现场试验测得锚杆抗拔力为 $T_u = 341$ kN，当膨胀剂掺量为 15%时，测得锚杆抗拔力为 $T_u' = 481$ kN，在其他参数不变及工程安全的前提下，若使 $T_u' = T_u$，可知当未添加膨胀剂时，锚杆钢筋的截面面积为

$$A_s = T_u \gamma_0 / \xi_2 f_y = 3.41 \times 10^5 \times 1.3 / 0.69 \times 300 = 2\,141 \text{（mm}^2\text{）}$$

当锚杆锚固长度相同，膨胀剂掺量为 15%时，锚杆钢筋的截面面积减少量为

$$\Delta A_s = \Delta T_u \gamma_0 / \xi_2 f_y = (4.81 - 3.41) \times 10^5 \times 1.3 / 0.69 \times 300 = 800 \text{（mm}^2\text{）}$$

膨胀剂掺量为 15%时，可使锚杆钢筋的截面面积减小率为 $K = \dfrac{\Delta A_s}{A_s} = \dfrac{880}{2141} \times 100\% = 41\%$，即添加膨胀剂掺量为 15%时，锚杆钢筋的截面面积相对于未添加膨胀剂时的截面面积减少了 41%。

表 9.4 $\phi 32$ mm 螺纹钢抗拔力

膨胀剂掺量 / %	锚固长度/cm	最大抗拔力/kN	相对膨胀剂掺量为 0 的抗拔力增长率/%	备注
0	60	341	—	
10	60	201	—	
15	60	481	41	抗拔力出现起伏波动
20	60	>500	>55	与围岩性质有关
25	60	345	—	
30	60	327	—	

（3）由 M30 砂浆决定的极限抗拔力：

$$N_a = \xi_3 n\pi d l_a f_b / \gamma_0 \qquad (9.3)$$

式中：ξ_3 为钢筋与砂浆黏结强度工作条件参数，永久性锚杆取 0.60，临时性锚杆取 0.72；n 为杆体材料（钢筋或钢绞线等）的根数；d 为单根杆材的直径；l_a 为锚固段长度，这里取最短锚固长度计算；f_b 为砂浆与杆体材料间的黏结强度设计值，kPa，根据《建筑边坡工程技术规范》（GB 50330—2013），M30 砂浆与螺纹钢筋间的黏结强度设计值 f_b 为 2.4 kPa；γ_0 为边坡工程重要性系数。

当锚杆锚固体未添加膨胀剂时，钢筋强度决定的极限抗拔力为 $N_a = \xi_3 n\pi d l_a f_b / \gamma_0$，锚杆钢筋的锚固段长度为 $l_a = N_a \gamma_0 / \xi_3 n\pi d f_b$；当锚杆锚固体添加 $A\%$ 掺量的膨胀剂后，极限抗拔力为 $N'_a = \xi_3 n\pi d l_a f_b / \gamma_0$，锚杆钢筋的锚固段长度为 $l'_a = N_a \gamma_0 / \xi_3 n\pi d f_b$，此时 $N'_a > N_a$，即添加 $A\%$ 掺量的膨胀剂后，锚杆锚固体的极限抗拔力 N'_a 大于未添加膨胀剂的锚杆极限抗拔力 N_a；在满足相同工程条件下，即 $N'_a = N_a$，对于添加一定掺量膨胀剂的锚杆，在其他参数不变的情况下，工程中可考虑缩短锚杆钢筋的锚固段长度 l_a，在保证工程安全的前提下，该技术可大幅降低钢筋使用量，极大节约成本。

同理，对于添加一定掺量膨胀剂的锚固体，在其他参数不变和保证工程安全的前提下，工程中可考虑加大布杆间距，以减少锚杆布置根数，从而节约成本。

例如，由表 9.4 可知，当未添加膨胀剂时，根据现场试验测得锚杆抗拔力为 N_a =125 kN，当膨胀剂掺量为 30% 时，测得锚杆抗拔力为 N'_a =202 kN，在其他参数不变及工程安全的前提下，若使 $N'_a = N_a$，可知未添加膨胀剂时，锚杆锚固段长度为

$$l_a = N_a \gamma_0 / \xi_3 n\pi d f_b = 125 / 0.6 \times 1 \times \pi \times 28 \times 2.4 = 1.0 \text{（m）}$$

当单根杆材的直径相同，膨胀剂掺量为 30% 时，锚杆锚固长度减少量为

$$\Delta l_a = (N'_a - N_a) \gamma_0 / \xi_3 n\pi d f_b = (202 - 125) / 0.6 \times 1 \times \pi \times 28 \times 2.4 = 0.6 \text{（m）}$$

膨胀剂掺量为 30% 时，可使锚杆锚固长度减小率为 $K = \dfrac{\Delta l_a}{l_a} = 60\%$，即膨胀剂掺量为 30% 时，锚杆锚固长度相对于未添加膨胀剂时的锚固长度减少了 60%。

2. 膨胀水泥砂浆锚固技术参数优化设计方法

根据以上膨胀水泥砂浆锚固技术设计参数优化效果分析，对岩层和锚固力、钢筋强度、M30砂浆三个方面决定的各层锚杆的极限抗拔力进行综合设计，提出一种不同膨胀剂掺量下锚杆极限抗拔力设计参数优化设计方法，并给出相应的极限抗拔力的设计公式，同时依据岩质边坡与岩质边坡试验数据分析，定义膨胀剂掺量为 $A\%$ 时极限抗拔力相对膨胀剂掺量为 0 时极限抗拔力的增大系数为 λ，给出岩体中 λ 的取值表，如表 9.5 所示。

表 9.5 岩体极限抗拔力增大系数 λ 取值表

孔洞编号	锚固长度 / cm	膨胀剂掺量 / %	最大抗拔力 / kN	相对膨胀剂掺量为 0 的极限抗拔力增大系数 λ	备注
Y1-0	60	0	201	—	—
Y1-1	60	10	341	0.7	—
Y1-2	60	15	481	1.39	—
Y1-3	60	20	>500	>1.49	—
Y1-4	60	25	345	—	围岩开裂，散体
Y1-5	60	30	327	—	围岩开裂，散体

由岩层和锚固力决定的极限抗拔力：

$$T_{\mathrm{u}} = \lambda_1 \xi_1 \pi D l_a f_{\mathrm{rb}} \tag{9.4}$$

式中：λ_1 为相对膨胀剂掺量为 0 时极限抗拔力的增大系数；D 为锚杆锚固段钻孔直径，mm；ξ_1 为钢筋抗拉工作条件参数；f_{rb} 为砂浆与杆体材料间的黏结强度设计值，kPa；l_a 为锚杆锚固长度，m。

由钢筋强度决定的极限抗拔力：

$$T_{\mathrm{u}} = \lambda_2 A_s \xi_2 f_{\mathrm{y}} / \gamma_0 \tag{9.5}$$

式中：λ_2 为相对膨胀剂掺量为 0 时极限抗拔力的增大系数；A_s 为锚杆钢筋的截面面积；ξ_2 为钢筋抗拉工作条件参数，永久性锚杆取 0.69，临时性锚杆取 0.92；f_{y} 为钢筋的设计强度；γ_0 为边坡工程重要性系数。

由 M30 砂浆决定的极限抗拔力：

$$N_a = \lambda_3 \xi_3 n \pi d l_a f_{\mathrm{b}} / \gamma_0 \tag{9.6}$$

式中：λ_3 为相对膨胀剂掺量为 0 时极限抗拔力的增大系数；ξ_3 为钢筋与砂浆黏结强度工作条件参数，永久性锚杆取 0.60，临时性锚杆取 0.72；n 为杆体材料（钢筋或钢绞线等）的根数；d 为单根杆材的直径；l_a 为锚固段长度，这里取最短锚固长度计算；f_{b} 为砂浆与杆体材料间的黏结强度设计值，kPa，根据《建筑边坡工程技术规范》（GB 50330—2013），M30 砂浆与螺纹钢筋间的黏结强度设计值 f_{b} 为 2.4 kPa；γ_0 为边坡工程重要性系数。

根据现场试验结果，得到岩体极限抗拔力增大系数 λ 取值，如表 9.5 所示，其中岩体以中风化泥质粉砂岩、微风化灰岩为主，由试验结果可知，针对该类岩体其膨胀剂掺量添加极限分别为 20% 和 30%，超过该范围时将导致岩体围岩开裂而达不到锚固最佳效果，在该范围内 λ 均以线性插值方式取值。

9.4　本章小结

本章提出了一种能快速确定最优膨胀剂含量的方法（发明专利号：201710043520.4），以及一种通过现场拉拔试验确定最小锚固长度的方法，针对膨胀水泥浆锚固技术的应用，提出一般情况的设计施工流程。因为纤维锚杆具有轻质高强、耐腐蚀的优点，所以对降雨量大、地下水富集地区的现场试验中大量采用纤维锚杆进行加固。对岩层和锚固力、钢筋强度、M30 砂浆强度三个方面决定的各层锚杆的极限抗拔力进行计算分析，最终得到膨胀水泥砂浆锚固技术参数的优化设计方法，有如下结果。

（1）由岩层和锚固力决定的极限抗拔力：在满足相同工程条件下，对于添加一定掺量的膨胀剂的锚杆，在其他参数不变和保证工程安全的前提下，工程中可考虑减少锚杆锚固段钻孔直径 D 或选用设计强度等级更低的钢筋，即在保证工程安全的前提下，可考虑减少锚固段直径，极大节约施工成本。

（2）由钢筋强度决定的极限抗拔力：在满足相同工程条件下，对于添加一定掺量的膨胀剂的锚杆，在其他参数不变的情况下，工程中可考虑降低锚杆钢筋的截面面积 A_s，在保证工程安全的前提下，大幅降低钢筋使用量，极大节约施工成本。

（3）由 M30 砂浆强度决定的极限抗拔力：在满足相同工程条件下，对于添加一定掺量膨胀剂的锚杆，在其他参数不变和保证工程安全的前提下，工程中可考虑缩短锚杆钢筋的锚固段长度 l_a，或考虑加大布杆间距，以减少锚杆布置根数。该技术可大幅降低钢筋使用量，极大节约成本。

（4）对岩层和锚固力、钢筋强度、M30 砂浆强度三个方面决定的各层锚杆的极限抗拔力进行综合设计，提出一种不同膨胀剂掺量下锚杆极限抗拔力参数优化设计方法，并给出相应的极限抗拔力的设计公式，同时定义膨胀剂掺量为 $A\%$ 时极限抗拔力相对膨胀剂掺量为 0 时极限抗拔力的增大系数为 λ，并给出了岩体中 λ 的取值表，以提供参考。

参 考 文 献

[1] 李国正. 压力(分散)型锚索锚固作用的现场试验及数值模拟[D].成都: 四川大学,2005.

[2] 吴峰. 锚杆支护技术的发展与应用[J].科技创业月刊, 2016,29(21):115-116.

[3] 王闯, 梁晓丹, 宋宏伟. 锚杆支护在土木工程中应用的现状与发展[J].安徽建筑,2002(1):71-73.

[4] 朱维申,李术才,陈卫中.节理岩体破坏机理和锚固效应及工程应用[M].北京: 科学出版社,2002:5-6.

[5] 查文华, 王小坡, 石崇, 等.不同侧压系数下锚固力变化规律试验研究[J].岩石力学与工程学报, 2013(S2):3141-3145.

[6] 王小坡.不同侧压系数下锚杆锚固失效及应力变化规律研究[D].淮南:安徽理工大学,2014.

[7] 邓坤, 惠兴田, 高徐军.自旋式锚杆抗拔力计算理论[J].矿山机械, 2008, 36(13):27-29.

[8] LUTZ L, GERGELEY P. Mechanics of band and slip of deformed bars in concrete[J].Journal of American concrete institute, 1967, 64(11): 711-721.

[9] KILIC A, YASAR E, CELIK A G. Effect of grout properties on the pull-out load capacity of fully grouted rock bolt.Tunnelling underground space technology, 2002, 17(4): 355-362.

[10] KILIC A, YASAR E, ATIS C D. Effect of bar shape on the pull-out capacity of fully-grouted rockbolts[J].Tunnelling and underground space technology, 2003, 18(1): 1-6.

[11] 周密.盘式锚杆破坏机理及其应用技术的研究[D].北京:北方工业大学,2011.

[12] 李哲,李滨,高磊,等.多段扩大头锚杆在砂土中的模型试验研究[J].西安理工大学学报,2016,32(3):259-264

[13] 唐孟华,曹绍林.抗浮锚杆力学性能试验分析[J].广州建筑,2016,44(1):17-20.

[14] 卢肇钧,吴肖铭,刘国楠.锚定式支护工程实践中几个问题的探讨[J].中国铁道科学, 1995,16(3):24-31.

[15] 吴顺川,高永涛,孙金海.高压注浆技术与预应力锚杆的应用[J].黄金,2001,22(6):14-16.

[16] 郭建新.分层多次高压注浆预应力锚固技术机理和应用[J].路基工程,2008,22(6): 44-45.

[17] 于富才,杨宏,冉启发.锚杆支护技术的应用现状与发展前景[J].北方工业大学学报, 2011,23(3):85-89.

[18] 陈国周.岩土锚固工程中若干问题的研究[D].大连:大连理工大学,2008.

[19] 张晶.基岩地层锚杆锚固机理的试验研究[D].北京:煤炭科学研究总院,2006.

[20] 杨鹏.两种不同构造锚杆的锚固机理及应用研究[D].广州:华南理工大学,2012.

[21] Hanna T H.锚固技术在岩土工程中的应用[M]//胡定,等,译.北京:中国建筑工业出版社,1987.

[22] 李铀,白世伟,方昭茹,等.预应力锚索锚固体破坏与锚固力传递模式研究[J].岩土力学, 2003(5):686-690.

[23] 李国维,高磊,黄志怀,等.长黏结玻璃纤维增强聚合物锚杆破坏机制拉拔模型试验[J].岩石力学与工程学报,2007(8):1653-1663.

[24] 郭钢,刘钟,杨松,等.不同埋深扩体锚杆竖向拉拔破坏模式试验研究[J].工业建筑,2012(1):123-127,

122.

[25] 李志鹏.高地应力下大型地下洞室群硬岩 EDZ 动态演化机制研究[D].武汉:中国地质大学(武汉), 2016.

[26] 江权,冯夏庭,陈国庆.考虑高地应力下围岩劣化的硬岩本构模型研究[J].岩石力学与工程学报, 2008(1):144-152.

[27] 李英华.深部工程高地应力下岩爆发生机制及判据研究[D].北京:中国地质大学(北京),2013.

[28] 李磊,谭忠盛,郭小龙,等.高地应力陡倾互层千枚岩地层隧道大变形研究[J].岩石力学与工程学报, 2017,36(7):1611-1622.

[29] 李鹏飞,田四明,赵勇,等.高地应力软弱围岩隧道初期支护受力特性的现场监测研究[J].岩石力学与 工程学报,2013,32(S2):3509-3519.

[30] 杨树新,李宏,白明洲,等.高地应力环境下硐室开挖围岩应力释放规律[J].煤炭学报,2010,35(1): 26-30.

[31] 陈志敏.高地应力软岩隧道围岩压力研究和围岩与支护结构相互作用机制分析[J].岩石力学与工程 学报,2014,33(3):647.

[32] 李鸿博,戴永浩,宋继宏,等.峡口高地应力软岩隧道施工监测及支护对策研究[J].岩土力学,2011, 32(S2):496-501.

[33] 张乐文,汪稔.岩土锚固理论研究之现状[J].岩土力学,2002,23(5):627-631.

[34] STILLBORG B. Experimental investigation of steel cables for rock reinforcement in hard rock[D]. Lulea: Lulea University of Technology, 1984.

[35] FULLER P G, COX R H T. Mechanics load transfer from steel tendons of cement based grouted[C]//Fifth Australasian Conference on the Mechanics of structures and Materials. Melbourne: [s.n.], 1995.

[36] EVANGELISTA A, SAPIO G. Behavior of ground anchors in stuff clays[C]//Proceedings of the ninth International Conference on Soil Mechanics and Foundation Engineering. Tokyo: [s.n.], 1977: 39-47.

[37] OSTERMAYER H, SCHEEL F. Research on ground anchors in non-cohesive soils[C]//Proceedings of the ninth International Conference on Soil Mechanics and FoundationEngineering. Tokyo: [s.n.], 1977: 92-97.

[38] FUJITA K, UEDA K, KUSABUKA M. A method to predict the load-displacement relationship of ground anchors[C]//Proceedings of the ninth International Conference on Soil Mechanics and Foundation Engineering. Tokyo: [s.n.], 1977: 58-62.

[39] NAKAYAMA M, BEAUDOIN J J. A novel technique determining bond strength developed between cement paste and steel[J]. Cement and concrete research, 1987, 22(3): 478-488.

[40] GORIS J M, CONWAY J P. Grouted flexible tendons and scaling Investigations[C]//International Journal of Rock Mechanics and Mining Sciences and Geomechanics Abstracts. Amsterdam: Elsevier Science, 1988: 294-294.

[41] HYETT A J, BAWDEN W F, REICHERT R D. The effect of rock mass confinement on the bond strength of fully grouted cable bolts[C]// International Journal of Rock Mechanics and Mining Sciences and Geomechanics Abstracts. Amsterdam:Elsevier Science, 1992: 503-524.

[42] 程良奎,胡建林.土层锚杆的几个力学问题[C]//中国岩土锚固工程协会.岩土工程的锚固技术.北京:

人民交通出版社,1996.

[43] 朱焕春, 荣冠.张拉荷载下全长粘结锚杆工作机理试验研究[J].岩石力学与工程学报, 2002, 21(3): 379-384.

[44] 荣冠, 朱焕春, 杨松林, 等.三峡工程永久船闸高强锚杆现场试验研究[J].岩土力学, 2001, 22(2): 171-175.

[45] 丁多文,白世伟,刘泉声.预应力长锚索锚固深度模型试验研究[J].工程勘察, 1995(4): 14-16, 19.

[46] 黄福德.高边坡群锚加固中锚索体的动态受力特征[J].西北水电, 1997, 62(4): 33-37.

[47] 刘致彬,孙志恒,孙金刚.岩锚新的锚固方式及锚固体系的研究[J].水利发电, 1997(3): 48-52.

[48] 顾金才, 明治清, 沈俊, 等.预应力锚索内锚固段受力特点现场试验研究[J].岩土锚固新技术, 1998, 12-15.

[49] 顾金才, 沈俊.锚索预应力在岩体内引起的应变状态模型试验研究[J].岩石力学与工程学报, 2000, 19(增): 917-921.

[50] 顾金才, 郑全平.预应力锚索对均质岩体的加固效应模拟试验研究[J].华北水利水电学院学报, 1994(3): 69-76.

[51] HANSOR N W. Influence of surface roughness of pre-stressing strand on band performance[J].Journal of pre-stressed concrete institute, 1969, 14(1): 32-45.

[52] GOTO Y, CRACKS. Formed in concrete around deformed tension bars[J]. Journal of American concrete institute, 1971, 68(4): 244-251.

[53] PHILIPS S H E. Factors affecting the design of anchorages in rock[R]. London: Cementation Research Ltd., 1970.

[54] 张季如,唐保付.锚杆荷载传递机理分析的双曲函数模型[J].岩土工程学报, 2002, 24(2): 188-192.

[55] AYDAN O, ICHIKAWA Y, KAWAMOTO T. Load bearing capacity and stress distribution in/along rockbolts with inelastic behavior of interfaces[C]//Proceeding of the Fifth International Conference on Numerical Methods in Geomechanics, Nagoya, Japan.[S.c]:[s.n.], 1985: 1281-1291.

[56] 尤春安.全长粘接式锚杆的受力分析[J].岩石力学与工程学报, 2000, 19(3): 339-341.

[57] 曹金国, 姜弘道.一种确定拉力型锚杆支护长度的方法[J].岩石力学与工程学报, 2003, 22(7): 1141-1145.

[58] 王建宇, 牟瑞芳.按共同变形原理计算地锚工程中粘结型锚头内力[J].岩土锚固工程新技术, 1998(3): 52-63.

[59] 何思明.预应力锚索的非线性分析[J].岩石力学与工程学报, 2004, 23(9): 1535-1541.

[60] 何思明.基于损伤理论的预应力锚索荷载−变形特性分析[J].岩石力学与工程学报, 2004, 23(5): 786-792.

[61] 蒋忠信.拉力型锚索锚固段剪应力分布的高斯曲线模式[J].岩土工程学报, 2001, 2(36): 696-699.

[62] 赵赤云.边坡稳定分析与预应力锚固作用机理研究与优化[D].天津: 天津大学, 1995.

[63] 赵赤云.预应力锚索锚固作用分析[J].北京建筑工程学院学报.1999, 15(2): 84-88.

[64] 杜龙泽, 周承芳, 李正国, 等.锚根合理设计长度的分析.水力发电[J].1996(7): 45-49.

[65] 刘波, 李先炜, 陶龙光.锚拉支架中锚杆横向效应分析[J].岩土工程学报, 1998(4): 39-42.

[66] 孔宪宾,汪洪武,高公略,等.土-锚杆界面模型的改进和应用[J].力学与实践,1999,21(5): 17-19.

[67] 孔宪宾,余跃心,李炜,等.土-锚杆相互作用机理的研究[J].工程力学,2000,17(3):80-86.

[68] 肖世国,周德培.非全长黏结型锚索锚固长度的一种确定方法[J].岩石力学与工程学报,2004,23(9): 1530-1534.

[69] 陆士良,汤雷,杨新安.锚杆锚固力与锚固技术[M].北京:煤炭工业出版社,1998.

[70] 马冬花.高性能混凝土膨胀剂效用的试验研究[D].西安:西安建筑科技大学,2003.

[71] 游宝坤,李光明,韩立林.大体积补偿收缩混凝土的结构稳定性问题[J].混凝土,2001(5):7-11.

[72] 李乃珍."抗""放"结合的补偿收缩混凝土防裂系统[J].膨胀剂与膨胀混凝土,2004(1):22-25, 21.

[73] 李乃珍,谢敬坦,张晨娥,等.关于大体积补偿收缩混凝土的DEF现象[C]//第三届全国混凝土膨胀剂学术交流论文集.北京:中国建材工业出版社,2002: 160-166.

[74] 李乃珍,张晨娥,张立新,等.补偿收缩混凝土限制膨胀率的主要影响因素[C]//第三届全国混凝土膨胀剂学术交流论文集.北京:中国建材工业出版社,2002:174-178.

[75] 鲁统卫,刘永生,王谦.粉煤灰和膨胀剂配制高性能混凝土的研究及应用[J].混凝土,2002,7:39-42.

[76] 赵顺增,刘立,郑万廪,等.高效能混凝土膨胀剂的设计研究[C]//中国硅酸盐学会.中国硅酸盐学会2003年学术年会论文摘要集.武汉:[S.n.],2003:1.

[77] 徐彦,兰明章,崔素萍,等.CSA膨胀剂与水泥的适应性试验研究[C]//第三届全国混凝土膨胀剂学术交流论文集.北京:中国建材工业出版社,2002:113-119.

[78] 江云安,张利俊,金欣.HF混凝土膨胀剂的技术性能及补偿收缩作用机理[C]//第三届全国混凝土膨胀剂学术交流论文集.北京:中国建材工业出版社,2002:120-125.

[79] 江云安,金欣,王延生,等.CaO-MgO-Al$_2$O$_3$-SO$_3$四元体系高性能膨胀剂的研究[C]//第三届全国混凝土膨胀剂学术交流论文集.北京:中国建材工业出版社,2002:126-132.

[80] 王莹.试件脱模时间对限制膨胀率试验结果的影响[J].混凝土,2001,8:58-60.

[81] 陈胡星,叶青,沈锦林,等.钙矾石的长期稳定性[J].材料科学与工程, 2001,19(2):69-71.

[82] 叶根飞.岩土锚固荷载传递规律与锚固特性试验研究[D].西安:西安科技大学,2012.

[83] 周勇,朱彦鹏.预应力锚杆柔性支护体系的锚杆抗拔力研究[J].岩土力学,2012,33(2):415-421.

[84] 张欣.全长粘结式锚杆受力特性以及数值仿真试验研究[D].济南:山东大学,2008.